FSC
www.fsc.org

Matthias Marckhoff

Mit Kälte zum sportlichen Erfolg

Wie die Körpertemperatur unsere Leistung beeinflusst

Diplomica Verlag GmbH

Marckhoff, Matthias: Mit Kälte zum sportlichen Erfolg: Wie die Körpertemperatur unsere Leistung beeinflusst. Hamburg, Diplomica Verlag GmbH 2013

Buch-ISBN: 978-3-8428-9706-9
PDF-eBook-ISBN: 978-3-8428-4706-4
Druck/Herstellung: Diplomica® Verlag GmbH, Hamburg, 2013

Bibliografische Information der Deutschen Nationalbibliothek:
Die Deutsche Nationalbibliothek verzeichnet diese Publikation in der Deutschen Nationalbibliografie; detaillierte bibliografische Daten sind im Internet über http://dnb.d-nb.de abrufbar.

Hermannstal 119k, 22119 Hamburg
http://www.diplomica-verlag.de, Hamburg 2013
Printed in Germany

Inhaltsverzeichnis

I. Einleitung

I.1 Problemstellung

Das Belastungsprofil sportlichen und leistungsorientierten Radfahrens stellt sich in aller Regel als zyklische, dynamische Langzeitausdauerbelastung (Martin et al. 2001, S. 174) dar. Die Arbeitsmuskulatur muss demnach über einen langen Zeitraum hinweg Spannung und zyklisch ablaufende Muskelfaserkontraktionen erzeugen. Zu diesem Zweck wird chemisch gebundene Energie aus den körpereigenen Nährstoffspeicherformen in Bewegungsenergie umgesetzt. Da dieser Vorgang lediglich einen durchschnittlichen Wirkungsgrad von 20% besitzt (Bridge und Febbraio 2002, S. 44), werden 80% der umgesetzten Energie als Wärme frei.
In der Folge kommt es bei Belastung zu einer Störung der thermoregulatorischen Homöostase, also dem Gleichgewicht von Wärmebildung und Wärmeabgabe. Erhöht sich allein die Wärmebildung oder übersteigt sie den Grad der Wärmeabgabe, so kommt es zu einem Anstieg der Körpertemperaturen. In bestimmten Grenzen kann sich ein derartiger Anstieg der Temperatur, beispielsweise im Bereich der Muskulatur, durchaus positiv auf die metabolische Leistung der stark temperaturempfindlichen Enzyme auswirken, was wiederum die radsportliche Leistung positiv beeinflussen kann (Israel 1977, S. 387). Da der Organismus jedoch ab dem Entstehen eines Missverhältnisses von Wärmebildung und -abgabe nach einem Ausgleich der beiden Größen strebt, bedeutet eine Erhöhung der Körpertemperaturen auch immer einen mehr oder minder großen thermischen Stress. Gelingt es dem Körper nicht, die Wärmeabgabe entsprechend der vermehrten Wärmebildung zu erhöhen, steigen die Körpertemperaturen bei ausreichend hoher Belastung in kritische Bereiche (Walters et al. 2000; Gonzalez-Alonso 1999), in denen die Leistung des Sportlers geringer wird oder gänzlich eingestellt werden muss.
Da der Körper die überschüssige Wärmeenergie nicht wieder in andere Energieformen überführen kann, besteht die einzige Möglichkeit der Wärmeabgabe darin, sie auf ein anderes Medium in der Umwelt zu übertragen. Hierzu muss die Wärme, die ja primär in der arbeitenden Muskulatur freigesetzt wird, zunächst an die Kontaktflächen des Körpers mit seiner Umgebung gelangen – vor allem die Körperoberfläche und die Schleimhäute des respiratorischen Traktes. Dies geschieht über die Mechanismen der Konduktion und Konvektion, deren Wirksamkeit primär vom Temperaturgradienten zwischen dem Wärme abgebenden und aufnehmenden Medium bestimmt wird. Je niedriger also die Temperatur der Körperschale, desto höher der Grad des körperinternen Wärmetransportes. An der Oberfläche angelangt, wird die Wärmeenergie ebenfalls umso effektiver

zum Beispiel auf die umgebenden Luftschichten oder, im Falle der Wärmestrahlung, auf nicht gasförmige Medien übertragen, je größer auch hier der Temperaturunterschied und die Leitfähigkeit des entsprechenden Mediums ist. Kommt es nun zu einer Übertragung von Wärmeenergie vom Körper des Sportlers auf Medien der Umwelt, so spricht man auch von Kühlung.

Vor diesem Hintergrund ist ersichtlich, welche Bedeutung die Beschaffenheit der Umwelt für die Wärmeabgabe und damit die Kühlung des Organismus hat. Steigt beispielsweise die Lufttemperatur bei einem Radrennen auf Werte über 30°C und nähert sich damit der Hauttemperatur an, so verringert sich die Effektivität der konduktiven Wärmeabgabe. Befindet sich der Radfahrer zusätzlich im Anstieg, beispielsweise innerhalb eines Bergzeitfahrens, so nimmt der Grad der Wärmeabgabe insofern weiter ab, dass die durch den Körper aufgewärmten, ihn umgebenden Luftschichten durch den geringeren Fahrtwind nicht mehr in dem Maße durch kühlere Luft konvektiv ersetzt werden, wie dies zum Beispiel bei höherer Geschwindigkeit in flachem Terrain der Fall wäre. Nimmt man weiterhin an, dass die Wärmeabgabe per Strahlung durch die in der Höhe der Berge größeren ultravioletten Anteile des Sonnenlichts sowie die daraus resultierende Wärmestrahlung der beschienenen Asphaltflächen verhindert oder sogar umgekehrt wird, so kann der Sportler nur noch über die Verdunstung von Schweiß und anderer Flüssigkeiten auf der Haut die Temperatur der direkten Umgebungsluft an der Körperschale reduzieren und damit die Wärmekonduktion wieder verbessern. Der Mechanismus der Perspiration ist unter Belastung bei Hitzebedingungen jedoch vielfach dadurch eingeschränkt, dass sich zwischen dem Stoff der Radkleidung und der Haut Mikroklimata ausbilden, deren hohe relative Feuchtigkeit die Verdunstung von Flüssigkeit auf der Haut einschränkt.

Wenn nun die körpereigenen Kühlungsmechanismen auf Grund der muskulären Belastung an ihre Grenzen stoßen und möglicherweise klima- und umgebungsbedingt zusätzlich Wärmeenergie auf den Körper übertragen wird, kann der Körper nur noch über die Reduktion der eigenen Wärmebildung, das heißt in diesem Falle der Leistung, ein thermoregulatorisches Gleichgewicht herstellen. Diese Verringerung der Ausdauerleistung unter Hitzebedingungen wurde in zahlreichen Untersuchungen bestätigt (z.B.: Galloway und Maughan 1997; Tatterson et al. 2000; Tucker et al. 2003; Walters et al. 2000; Gonzalez-Alonso 1999; Romer et al. 2003; Parkin et al. 1999).

Vor dem Hintergrund dieser bisweilen hohen thermischen Belastung des Radfahrers während des Rennens oder aber auch des Trainings, liegt es nahe, den Körper bei der Wärmeabgabe durch bestimmte Verhaltensweisen und externe Kühlmaßnahmen zu unterstützen. Radsportler tun dies, indem sie, zum Beispiel vor heißen Bergetappen, Trikots mit durchgehendem Reißverschluss anziehen, die sie im Anstieg, im Sinne einer erhöhten Konvektion, komplett öffnen können oder indem sie sich kaltes Wasser über den Kopf und den Körper gießen, um dort in einem ersten Schritt die

Hauttemperatur herabzusetzen und darüber hinaus in der Folge die Evaporationsrate zu erhöhen. Das Tragen von mit Eis oder synthetischen Stoffen gefüllten Kühlwesten, ist ein Verfahren, das von einzelnen Fahrern und Rennteams als externe Kühlmaßnahme während einer derartigen Belastung getestet wurde. Es scheinen jedoch technische Gründe, wie erhöhtes Gewicht, verschlechterte CW-Werte vor allem bei flachen Zeitfahren oder das eher renntaktische Problem der Rückgabe solcher Westen an die Teamfahrzeuge, wenn sie nach unter Umständen kurzer Zeit in ihrer Kühlwirkung stark nachgelassen haben, einem Einsatz im Rennen vielfach entgegen zu stehen.

Trotz der beschriebenen, hohen thermoregulatorischen Belastung während des eigentlichen Rennens, führen Radsportler besonders vor kürzeren und somit intensiveren Wettkämpfen zusätzlich Aufwärmprogramme durch, mit dem Ziel, den eigenen Vorstartzustand zu optimieren. Hierbei geht es den Sportlern vor allem um die potentiell leistungsfördernden Effekte des Aufwärmens, wie zum Beispiel muskuläre Durchblutungsförderung, Verringerung des initialen Sauerstoffdefizits, Verbesserung der Sauerstoffaufnahme, Erhöhung der Stoffwechselrate und eine Enzymaktivierung durch Erhöhung der Muskeltemperatur (Bishop 2003). Neben den Erfahrungswerten von Trainern und Sportlern konnten auch trainingswissenschaftliche und sportmedizinische Untersuchungen zeigen, dass ein aktives Aufwärmen die Ausdauerleistung verbessern kann, zumindest wenn der Sportler die nachfolgende Belastung „relativ unerschöpft“ (Bishop 2003), aber mit erhöhter Sauerstoffaufnahme beginnt (Atkinson et al. 2005, Hajoglou et al. 2005, Burnley et al. 2005). Ein deutlicher Anstieg der Körperkerntemperatur allerdings scheint die Leistung eher nachteilig zu beeinflussen (Hunter et al. 2006; Arngrimsson et al. 2004). Der Begriff des „Aufwärmens“ ist daher in seiner Generalität zu unpräzise und bisweilen irreführend. Aus diesem Grund soll im Folgenden stattdessen von einer „Belastungsvorbereitung“ gesprochen werden. Diese wird im Radsport meist stationär auf der Trainingsrolle durchgeführt und findet somit ohne Kühlung durch fahrtwindbedingte Konvektion statt, was, wenn nicht die Außentemperatur sehr gering ist, einen Anstieg der Körperkerntemperatur bei üblichen Vorbereitungsbelastungen mit sich bringt.

Aus den angestellten Überlegungen ergibt sich folgender Konflikt: Auf der einen Seite erscheint es sinnvoll, eine aktive Belastungsvorbereitung durchzuführen, auf der anderen Seite wirkt sich die hierdurch induzierte Körperkerntemperaturerhöhung möglicherweise negativ auf die Leistung in der anschließenden Rennbelastung aus. Zur Lösung des Konfliktes, im Sinne eine Optimierung des Vorstartzustandes, stellen sich drei grundlegende Strategien dar. Eine Möglichkeit bestünde darin, das Vorbereitungsprotokoll in seiner Intensität zu verringern um dadurch den Körperkerntemperaturanstieg und die Vorstarterschöpfung so klein wie möglich zu halten und dennoch eine aktive Vorbereitung durchzuführen. Eine zweite Option könnte die Verlängerung der Ruhepause zwischen aktiver Vorbereitungsphase und Rennstart sein. Als dritte Variante wäre eine externe

Kühlung zum Beispiel durch Wasserbäder, Kühlwesten oder andere Methoden denkbar, die vor, während und oder nach der aktiven Belastungsvorbereitung durchgeführt würden. Solch eine externe Kühlung vor dem Start wird in der Literatur gemeinhin als „Precooling" bezeichnet. Diverse Untersuchungen konnten zeigen, dass verschiedenste Precoolingprotokolle in der Lage sind, die Ausdauerleistung in den nachfolgenden Belastungen signifikant zu verbessern und den thermischen Stress zu reduzieren (z.B. Cotter et al. 2001; Joch und Ückert 2003; Morrison et al. 2006). Dies gilt vor allem für Kühlmaßnahmen die in Ruhe durchgeführt wurden. Nur in wenigen Studien wurde bisher untersucht, wie sich unterschiedliche Precoolingmethoden auswirken, die während der vorbereitenden Belastung appliziert werden (Hunter et al. 2006, Joch und Ückert 2005/06, Arngrimsson et al. 2004). Obwohl die physiologischen Wirkmechanismen des Precoolings noch nicht in ihrer Gesamtheit abschließend erklärt sind, werden folgende leistungsrelevante Mechanismen diskutiert: Beginnt man am Ansatzpunkt der Kühlmaßnahmen, so wird zunächst die Hauttemperatur herabgesetzt. Dieser Vorgang erhöht den oben bereits angesprochenen, wärmeabgaberelevanten Temperaturgradienten zwischen Körperkern und Schale, sorgt dadurch für einen verbesserten internen Wärmetransport und verzögert zusätzlich das Einsetzen der Perspiration, was sich positiv auf den Wasserhaushalt und in dessen Folge auf den Erhalt des Blutvolumens auswirken kann. Durch die Kühlung der Haut kommt es desweiteren zu einer reflektorischen Vasokonstriktion in den gekühlten Arealen. Dies bedeutet eine relative Blutvolumenverschiebung aus der Schale in Richtung Kern. Man nimmt an, dass das resultierende höhere Blutangebot am rechten Herzen zu einer vergrößerten Auswurfleistung führt und den Anstieg der Herzfrequenz verzögert (Kuschinsky 2005, S. 422). Darüber hinaus ist es denkbar, dass die größere Blutmenge im inneren Kreislauf zu einer besseren Versorgung der arbeitenden Muskulatur führen könnte (Gonzalez-Alonso et al. 2004). Kommt es während oder im Anschluss an die Kühlung zu einem belastungsinduzierten Muskel- und Körperkerntemperaturanstieg, erfolgt in der Peripherie eine erneute Vasodilatation. Die Reperfusion der gekühlten Körperschale führt zu einer starken Wärmeabgabe aus dem Blut an das Gewebe und dann an die Umgebung. Die erhöhte Wärmeaufnahmefähigkeit oberflächlicher Gewebeschichten, nach Precooling, vergrößert die gesamte Wärmespeicherkapazität des Organismus und dürfte somit, auch nach Ende der Kühlmaßnahme, in der eigentlichen Zielbelastung fortwirken. Wird das Precooling mit einer aktiven Belastungsvorbereitung kombiniert, sind, vor dem Hintergrund der genannten Mechanismen, folgende Positiveffekte zu erwarten: Die oben besprochenen, leistungsfördernden Auswirkungen des „Aufwärmens" sind gewährleistet, auf Grund der kälteinduziert veränderten Hämodynamik dürfte der Sportler „unerschöpfter" in den Wettkampf gehen und die verringerten Körpertemperaturen beim Start erweitern das Leistungsfenster bis zum Erreichen kritischer Temperaturen (Walters et al. 2000) und

schonten die ansonsten für zusätzliche Kühlung notwendigen energetischen Ressourcen, die der Sportler nun in eine Leistungssteigerung investieren kann.
Nimmt man eine leistungsfördernde Wirkung externer Kühlung an, ergibt sich daraus die Frage nach der „effektivsten" Methode. Nachdem zunächst vor allem durch Wasserimmersion, mit Hilfe von Eis und durch die Absenkung der Umgebungstemperaturen gekühlt wurde, ergaben sich aus der Entwicklung synthetischer Kühlwesten neue und vielfach praktikablere Kühlmethoden. Bei einer Applikation hoch dosierter Kälte (-110°C) durch Niedrigtemperaturkammern, in Form eines Precoolings, konnte ebenfalls in den letzten Jahren eine leistungssteigernde Wirkung festgestellt werden (Joch und Ückert 2003). Die stark eingeschränkte Mobilität und die hohen Anschaffungs- und Betriebskosten einer derartigen Kältekammer erschweren jedoch den Einsatz in Wettkampf und Training. Eine weitere Form der hoch dosierten Kälteapplikation, und möglicherweise eine Alternative zur Kältekammer, sind Kryotherapiegeräte, deren Applikationsdüsen Luft mit einer Temperatur von ca. -20 bis -30°C ausstoßen.
In einer empirischen und unter Laborbedingungen durchgeführten Vergleichsanalyse sollen in der vorliegenden Studie die Auswirkungen zweier dieser externen Kühlmaßnahmen (Kühlweste und Kaltluft), unter Hitzebedingungen, auf die Ausdauerleistung im Radfahren untersucht werden.

I.2 Struktur der Arbeit

Der Aufbau der vorliegenden Arbeit orientiert sich an den zur Lösung der Problemstellung notwendigen analytischen Schritten und spiegelt den Prozess des Erkenntnisgewinns wider.
Zunächst erfolgt eine Betrachtung der physiologischen Grundlagen unter besonderer Berücksichtigung der Thermoregulation, der Ausdauerleistungsfähigkeit und der zu ermittelnden Messparameter.
An dieses grundlegende Kapitel schließt sich eine Darstellung des Forschungsstandes an, die es in der Folge ermöglicht, zusammen mit dem Grundlagenkapitel, Ergebnishypothesen für die durchgeführte Untersuchung zu formulieren.
Die darauf folgende Methoden- und Apparaturenbesprechung leitet sich aus der Problemstellung, den physiologischen Grundlagen und dem Forschungsstand ab.
In Kapitel VII werden die Ergebnisse der empirischen Untersuchung dargestellt, interpretiert und diskutiert.

In einer Abschlussbetrachtung werden, im Sinne der Fragestellung, die untersuchten Einflüsse unterschiedlicher Kühlmethoden auf die Ausdauerleistung beim Radfahren zusammenfassend dargestellt, Optionen der Anwendung besprochen und Perspektiven formuliert.

II. Physiologische Grundlagen

II.1 Thermoregulation

Das Ziel der Thermoregulation ist es, die Temperatur im Körperkern und damit in den lebensnotwendigen Organsystemen in einem Bereich von ca. 36,1 bis 37,8°C (Wilmore 2004, S. 308) konstant zu halten. Fällt die Temperatur im Kern unter ca. 36,1°C, so verringert sich die katalytische Leistung der Enzyme, was zu einer Verringerung der für die sportliche Leistung entscheidenden Stoffwechselrate führt. Weicht die Körperkerntemperatur nach oben von dem genannten Bereich ab, so erhöht sich die Umsetzrate der Enzyme zwar zunächst weiter, fällt dann jedoch ab einer Temperatur von etwa 40°C stark ab (Bartels 1991, S. 30). Sollte die Temperatur noch darüber hinaus weiter steigen, so besteht eine unmittelbare Gesundheitsgefährdung, da sich die Proteinstrukturen der Enzyme aufzulösen beginnen und diese in degenerierter Form ihre katalytische Wirkung nicht mehr entfalten können.
Da die Körperkerntemperatur bei körperlicher Belastung den „Normalbereich" nach oben verlassen und Werte von 39,5 bis zu über 40°C erreichen kann (McAnulty et al. 2004; González-Alonso et al. 1999; Nielsen et al. 1993), sind hier thermoregulatorische Gegenmaßnahmen erforderlich, die in einem Regelkreismodell vereinfacht dargestellt werden können.

Die Grundlage dieses Modells (siehe Abb. 1) ist das Bemühen des Organismus, ein Gleichgewicht zwischen Wärmebildung und Wärmeabgabe zu erreichen. In den thermischen Zentren des Hypothalamus und des Rückenmarks werden hierzu Sollwerte für die verschiedenen Temperaturen der unterschiedlichen Körperregionen vorgegeben. Diese Körpertemperaturen unterliegen dem ständigen Einfluss innerer und äußerer Störgrößen, wie der Höhe der Stoffwechselrate und den thermischen Reizen aus der Umwelt. Eine Vielzahl an Thermorezeptoren im Bereich des Kerns und der Schale melden die aktuellen Istwerte an die thermischen Zentren.
Die Abweichung der Istwerte von den Sollwerten löst sowohl willkürliche als auch autonome Regelmechanismen aus. Erstere umfassen Verhaltensweisen, die zu einer Verminderung des thermi-

schen Stresses führen. Dies bedeutet zum Beispiel das Ablegen oder Anziehen von Bekleidung, das Aufsuchen sonniger oder schattiger Plätze, das heiße Duschen oder das Übergießen mit kaltem Wasser während des Wettkampfes oder die Aktivierung von Muskulatur.
Das wichtigste Stellglied der autonomen Temperaturregelung bei der Wärmebildung, ist das motorische System. Unwillkürlich können der Muskeltonus erhöht oder einzelne Muskelbereiche zur Kontraktion angeregt werden (Muskelzittern), was die Stoffwechselrate erhöht und damit die Umsetzung chemisch gebundener Energie in Wärmeenergie beschleunigt.
Die Stellglieder der Wärmeabgabe sind in erster Linie die Vasomotorik und die Schweißsekretion, welche in Abhängigkeit von den Umgebungsbedingungen und der Höhe der Temperaturabweichung einen unterschiedlichen Anteil an der Thermoregulation haben. Die in Abbildung 1 genannte Pilomotorik ist für den Menschen nicht mehr relevant und ein sich lediglich noch in der Entstehung einer Gänsehaut manifestierendes Rudiment aus einer Zeit stärkerer Körperbehaarung, deren Aufstellung die Thermoisolation verbessern und somit die Körperschale vergrößern konnte.
Veränderungen der Körpertemperaturen durch die Stellgliedaktivierung werden nun durch die verschiedenen Thermorezeptoren als neue Istwerte an die thermischen Zentren gemeldet und der Regelkreis schließt sich.

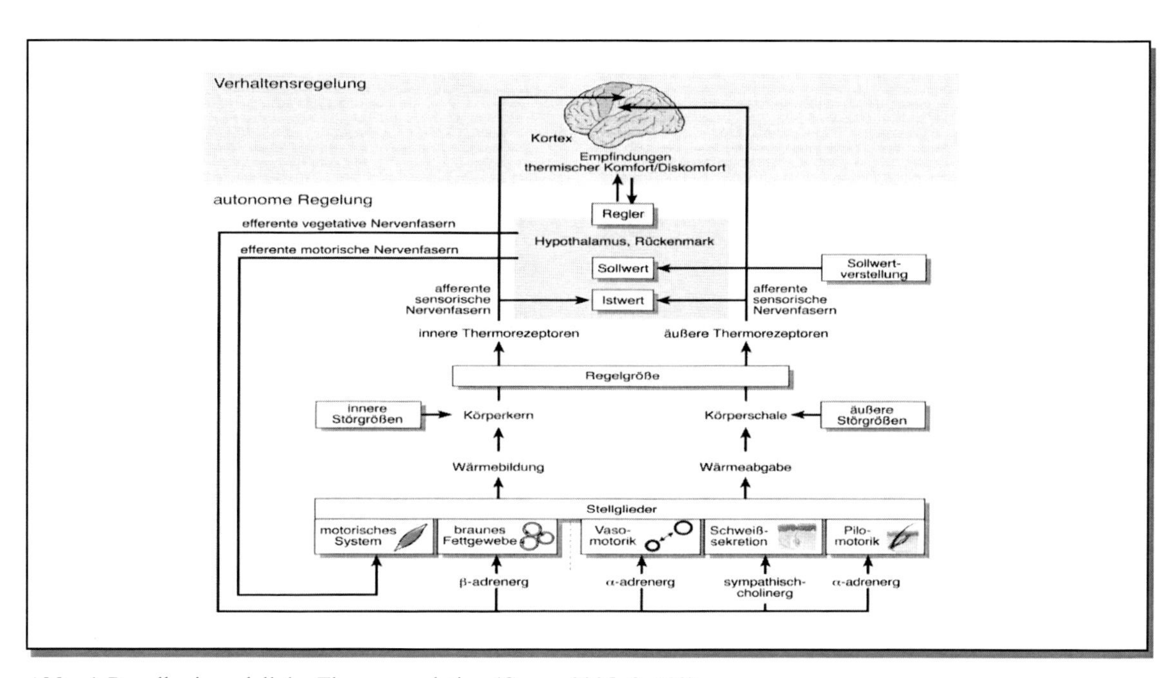

Abb. 1 Regelkreismodell der Thermoregulation (Gunga 2005, S. 682).

II.1.1 Wärmebildung

Im Gegensatz zur passiven Wärmeaufnahme, z.B. durch Wärmestrahlung der Sonne oder heiße Bäder, ist die Wärmebildung ein aktiver Prozess des menschlichen Organismus', der in unmittelbarem Zusammenhang mit der Stoffwechselrate steht. Da diese stark belastungsabhängig variiert, unterscheidet sich auch der Grad der Wärmebildung im Zustand der Ruhe und bei muskulärer Aktivität erheblich.

II.1.1.1 Wärmebildung in Ruhe

Im Vergleich zu poikilothermen Lebewesen, wie Fischen und Reptilien, deren Körpertemperaturen in Abhängigkeit von der Umgebungstemperatur steigen oder sinken, hält der homoiotherme Mensch seine Körperkerntemperatur im oben genannten Bereich konstant. Den großen Vorteil der „thermodynamischen Freiheit“ (Golenhofen 1997, S. 322) bezahlt der Mensch mit einem deutlich höheren Nahrungsbedarf zur Aufrechterhaltung des für homoiotherme Lebewesen charakteristischen Tachymetabolismus (Deetjen und Speckmann 1999, S. 501).

Die im Stoffwechsel umzusetzende Energie ist in Form chemischer Bindungsenergie in der Nahrung enthalten und wird im Stoffwechsel in Energieformen umgesetzt, die dem Körper vor allem zum Substanzaufbau, sowie für muskuläre und neuronale Arbeit zur Verfügung stehen. All diese metabolischen Prozesse setzen stets auch einen gewissen Teil der chemisch gebundenen Energie in Wärmeenergie um und sind somit die Basis der menschlichen Wärmebildung. In diesem Zusammenhang ist die so genannte spezifisch-kalorische Wirkung von besonderer Bedeutung für den Grad der Wärmebildung. Sie ist ein ungefähres Maß für die Wärme, die vor allem durch notwendige Umbau- und Aufbauprozesse der verschiedenen Nahrungsbestandteile zusätzlich entsteht. Bei Proteinen liegt sie mit ca. 30% am höchsten, mit großem Abstand gefolgt von Kohlenhydraten und Fetten mit 6 bzw. 4% (Golenhofen 1997, S. 319f). Unter anderem aus diesem Grunde sollte bei der Durchführung von Leistungstests gewährleistet sein, dass die Testteilnehmer ihre Ernährungsgewohnheiten, und damit die Zusammensetzung ihrer Nahrung, vor jedem Test in etwa gleich halten.

Angaben Hensels zu Folge beläuft sich die Höhe der Wärmebildung eines durchschnittlichen Mannes unter Grundumsatzbedingungen auf etwa 1,7 kcal pro Minute (Hensel 1973, S. 227). Als Grundumsatz wird hier die Energiemenge definiert, die in physischer und psychischer Ruhe zur

Aufrechterhaltung der körperlichen Funktionen benötigt wird. Da die Höhe des Grundumsatzes in Abhängigkeit von Parametern wie Größe, Alter, Geschlecht, Rasse, Hormonspiegel und der Zusammensetzung des Körpers bisweilen stark variiert, unterscheidet sich dementsprechend auch der Grad der Wärmebildung in Ruhe inter- und intraindividuell.

An der Gesamtwärmebildung des Organismus' sind die Organsysteme des Körpers in verschiedenem Maße beteiligt. In Ruhebedingungen macht der Anteil der inneren Organe knapp drei Viertel der gesamten Wärmebildung aus - bei gerade einmal 8% der Körpermasse (Weineck 2002, S. 727). Tabelle 1 zeigt die Anteilsberechnungen zweier Autoren in genauerer Aufschlüsselung und im Vergleich zu den Wärmebildungsanteilen bei muskulärer Aktivität.

Organsystem	Wärmebildung Ruhe (%)		Wärmebildung Belastung (%)	
	Deetjen	*Findeisen*	*Deetjen*	*Findeisen*
Gehirn	18	16	3	3
Brust- und Baucheingeweide	41	56	22	22
Haut und Muskulatur	2/26	18	1/72 (bis 90)	73
Restl. Anteile: Knochen, Bänder etc.	13	10	2	2

Tab. 1 Wärmebildungsanteile verschiedener Organsysteme in Ruhe und während muskulärer Aktivität (Modifiziert nach: Gunga 2005, S. 503; Findeisen 1980, S. 191).

II.1.1.2 Wärmebildung bei muskulärer Aktivität

Wie oben bereits erwähnt, löst das starke Absinken der Körpertemperaturen eine autonome und willkürlich herbeigeführte Erhöhung des Muskeltonus aus. Seine Begründung findet dieser Mechanismus im geringen Wirkungsgrad und somit der hohen Wärmebildungskapazität der Muskulatur. Je geringer der Wirkungsgrad, also das Verhältnis geleisteter Arbeit zu umgesetzter Energie, desto größer ist die Wärmemenge, die beim Umsetzungsprozess freigesetzt wird. Dieser Zusammenhang erklärt die aus Tab.1 ersichtliche Erhöhung des Wärmebildungsanteiles der Muskulatur an der Gesamtwärmebildung des Organismus' bei muskulärer Aktivität. Der Wirkungsgrad ist jedoch nur ein ungefähres Maß für die Wärmefreisetzung, da die tatsächlich erbrachte muskuläre Arbeit nicht exakt zu bestimmen ist. Selbst bei der vergleichsweise einfach zu messenden Leistung des Sportlers auf dem Fahrradergometer, ist die Verformung der Messstreifen an den Tretkurbeln nur das Ergebnis eines Teils der gesamten Leistung des Athleten. Oberkörper- und Armbewegungen oder die Verformung des Ergometerrahmens werden nicht als leistungsrelevant erfasst und verfälschen daher die aus dem Wirkungsgrad gezogenen Rückschlüsse auf die Wärmefreisetzung (Frederick 1993, S.182). Dennoch sind diese Werte wichtige Anhaltspunkte für die Untersuchung der Wärmebildung bei muskulärer Aktivität.

Bereits im Jahre 1929 gelang es der Britin Sylvia Dickinson, die muskulären Wirkungsgrade bei Ergometertests in Abhängigkeit von der jeweiligen Geschwindigkeit und dem Widerstand zu bestimmen (Dickinson 1929). Ihre Werte im Bereich von 11,4 bis 21,8% decken sich in Teilen durchaus mit denen neuerer Untersuchungen, die dem System Mensch beim Radsport durchschnittliche Wirkungsgrade von ca. 15 bis 25% attestieren (Jeukendrup 2002, S. 145). Ginge man vom maximalen Wirkungsgrad aus, so würde ein Radrennfahrer, der am Tag eines durchschnittlichen Straßenrennens etwa 7000 kcal verbraucht (Lindner 2005, S. 222), 5250 kcal an Wärme bilden. Da jedoch die Wärmebildung eines ganzen Tages für die Einschätzung des Hitzestresses während einer zeitlich begrenzten Belastungsphase nur bedingt aussagekräftig ist, hat Jeukendrup den durchschnittlichen Energieverbrauch beim Fahren verschiedener Geschwindigkeiten pro Belastungsminute berechnet (Jeukendrup 2002, S.146). Seinen Angaben zu Folge beläuft sich der Energiebedarf eines durchschnittlichen Profiradsportlers bei einer Geschwindigkeit von 50 km/h auf 41,2 kcal/min. Nimmt man eine mittlere Wettkampfdauer im Prolog von etwa 10 Minuten (Jeukendrup 2002, S. 82) zur Grundlage, so ergibt sich ein Energieverbrauch von 412 kcal, was, bei maximaler Energieeffizienz (25%), einer Wärmebildung von 309 kcal entspricht.

Welche Mechanismen es dem Körper ermöglichen, diese zusätzliche Wärme an seine Umgebung abzugeben und welche äußeren Faktoren dies einschränken oder fördern, ist Inhalt des folgenden Kapitels.

II.1.2 Wärmeabgabe und -aufnahme

Da der menschliche Organismus über seinen Stoffwechsel beständig Wärme bildet, ist es zur Vermeidung einer Hyperthermie erforderlich, Wärme abgeben zu können. Dies kann durch vier verschiedene Mechanismen erfolgen: Wärmestrahlung, Wärmekonduktion, Wärmekonvektion und Perspiration. Die Wirksamkeit und damit der prozentuale Anteil jedes einzelnen Mechanismus an der Gesamtwärmeabgabe sind in hohem Maße von konstitutionellen Faktoren wie Körpergröße, Körperzusammensetzung und dem Verhältnis von Hautoberfläche zu Körpermasse

(Epstein et al. 1983), von dem Grad der Belastung und von den herrschenden Umweltbedingungen abhängig. Inwiefern letztere unter extremen Bedingungen auf den Sportler einwirken und den Wärmetransport von den Orten der Wärmebildung im Körper in Richtung Umgebung behindern oder sogar umkehren können zeigt Abbildung 2.

Abb. 2 Wärmeübertragung auf den Sportler aus der Umwelt (Foto: http://www. team-csc.com Stand: 10.03.2007).

Im Folgenden werden die oben genannten Mechanismen genauer betrachtet und auf ihre Funktion und Wirksamkeit hin untersucht.

II.1.2.1 Konduktion

Die Konduktion (Wärmeleitung) erfolgt zwischen ruhenden, miteinander in Kontakt stehenden Molekülen und zwar in Richtung des Temperaturgradienten vom wärmeren zum kühleren Medium. Also beispielsweise von einem Mitochondrium einer Muskelzelle, über das umgebende Zellplasma zu benachbarten Zellen, von dort über das subkutane Fettgewebe bis zur Haut, von wo aus die Wärme an die aufliegende Luftschicht abgeleitet werden kann. Eine solche Wärmeableitung setzt also voraus, dass es zwischen dem Körperkern und der Haut ein radiales und somit auch ein axiales Temperaturgefälle gibt.

Neben dem Temperaturgefälle beeinflusst der Wärmedurchgangswiderstand (Wärmedämmung) der zu passierenden Schichten den Grad der Wärmekonduktion erheblich. Die Höhe dieses Widerstandes ist vom Flüssigkeitsanteil des entsprechenden Gewebes abhängig. Da Wasser eine hohe Wärmeleitfähigkeit besitzt, sind die Gewebe des Körpers besonders gute Isolatoren, die, wie das subkutane Fett, vergleichsweise wenig Wasser enthalten oder nur gering bis gar nicht durchblutet sind (Hensel 1973, S. 228).

Die Existenz von radialen und axialen Temperaturgradienten, sowie das Prinzip der Wärmedämmung im Bereich der Haut und des Unterhautfettgewebes lassen sich in einem Modell von Kern und Schale darstellen. Die in Abbildung 3 erkennbare Variabilität von Kern- und Schalengröße in Abhängigkeit von der abzugebenden Wärmemenge, deutet, neben der Konduktion, auf einen weiteren Mechanismus des Wärmetransports hin – die Konvektion.

II.1.2.2 Konvektion

Die Konvektion unterscheidet sich vom Prinzip der Konduktion insofern, als dass hier Wärme zwar konduktiv auf ein sich bewegendes flüssiges oder gasförmiges Medium übertragen wird, die aufgenommene Wärme jedoch im Strom dieses Mediums weitertransportiert wird. Dieser Mechanismus ermöglicht einen im Vergleich zur einfachen Leitung deutlich schnelleren und damit effektiveren Wärmetransport (Klußmann 1999, S. 506).

Im Körper übernimmt das Blut mit seinem hohen Plasma- und somit Wassergehalt (Plasma: ca. 55% des Blutes, davon 90% Wasser; Wilmore 2004, S. 222) die Rolle des konvektiven Mediums. Da der menschliche Körper in der Lage ist, das Lumen der Blutgefäße aktiv zu verändern (Vasodilatation und –konstriktion), kann der Blutfluss vom Kern zur Schale präzise gesteuert werden. Kommt es in proximalen Teilen des Körpers zu einer Erhöhung der Temperatur, so werden Gefäße in der Haut durch efferente Fasern des sympathischen Nervensystems erweitert (Klußmann 1999, S. 506), was den Transport von Wärme in Richtung Körperschale ermöglicht. Auf diese Weise erweitert sich der Kern (siehe Abb. 3) und die Wärmeabgabe an die Umgebung kann auf einer großen Fläche gut durchbluteter Haut konduktiv stattfinden. Diese Erhöhung der Hautperfusion kann den Wärmedurchgangswiderstand der Schale um den Faktor Sieben reduzieren (Hensel 1979, S. 228).

Der Vorteil weitgestellter Blutgefäße in der Peripherie liegt nicht nur in der besseren Wärmeabgabe an die Umgebung begründet, sondern führt auch dazu, dass das venöse Blut vermehrt über die Gefäße der Körperschale zurückfließt und dadurch das Gegenstromprinzip teilweise umgangen wird (Klußmann 1999, S. 506). Das zurückfließende venöse Blut nimmt also weniger Wärme aus dem Blut der ansonsten dicht an den Venen vorbei fließenden Arterien auf. Dies wiederum führt dazu, dass das Blut im Kern auf Grund des größeren Temperaturgradienten mehr Wärme aufnehmen kann, was den Mechanismus der Konvektion noch effizienter macht.

Auch außerhalb des Körpers, in der Umgebung, kommen die gleichen Prinzipien zur Anwendung. Die den Körper umgebenden Luftschichten nehmen die Wärme der Haut über Konduktion auf und transportieren diese, sofern die Luft in Bewegung ist und nicht etwa in den Luftkammern isolierender Kleidung „steht“, über den Mechanismus der Konvektion weg vom Körper, damit sie durch kühlere ersetzt werden können. Ist nun die Luft der Umgebung wärmer als die Haut, so kann sich der die Wärmeabgabe fördernde Mechanismus der Konvektion umkehren, indem er dafür sorgt, dass die durch Evaporation gekühlten Luftschichten in Hautnähe durch wärmere ersetzt werden. Die durch Konduktion und Konvektion an die Körperoberfläche transportierte Wärme kann jedoch nicht nur über diese beiden Prozesse an die Umgebungsluft abgegeben werden, sondern kann den Körper auch in Form von langwelliger Wärmestrahlung verlassen.

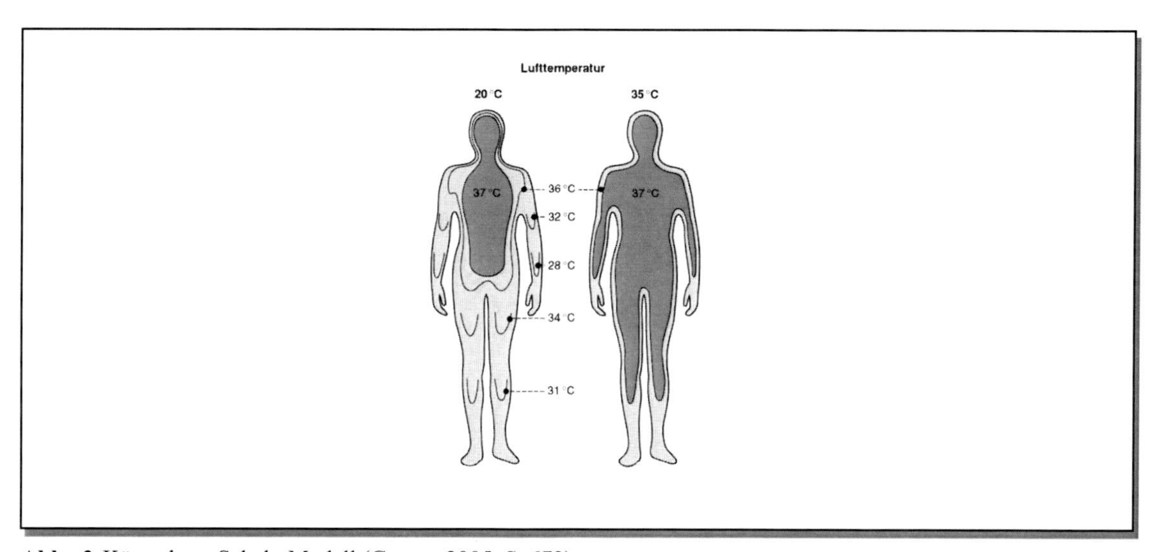

Abb. 3 Körperkern-Schale-Modell (Gunga 2005, S. 672).

II.1.2.3 Wärmestrahlung

Unter Ruhebedingungen und bei Raumtemperatur gibt der Körper ca. 50 bis 60% der abgegebenen Gesamtwärmemenge über Wärmestrahlung ab (Klußmann 1999, S. 507). Unter Belastungsbedingungen kann dieser Wert jedoch bis auf 5% zurückgehen (Wilmore 2004, S. 311).

Bei der Wärmestrahlung handelt es sich um langwellige, elektromagnetische Strahlung im Infrarotbereich, die zur Übermittlung keine Materie benötigt (Planck 1988, S. 247). Der Grad, in dem zwei Körper Wärmeenergie über Strahlung aufeinander übertragen, folgt dem Stefan-Boltzmann-Gesetz. Hiernach sind, bezogen auf den Menschen, die absolute Hauttemperatur und die umgebende Wandtemperatur die entscheidenden Faktoren (Golenhofen 1997, S. 330). Die umgebende Lufttemperatur hat in diesem Zusammenhang keinen Einfluss, was das Phänomen einer vergleichsweise hohen Wärmeempfindung erklärt, die oftmals trotz geringer Lufttemperaturen zum Beispiel im Schnee und in großer Höhe auftreten. In diesen Fällen überkompensiert die erhöhte UV-Strahlung durch die relativ größere Sonnennähe und damit die intensivere Reflexion der Sonnenstrahlung (Infrarotstrahlung) im Schnee die erhöhten Wärmeverluste durch Konduktion und Konvektion.
Obwohl die Hauttemperatur in den gemäßigten Breiten in aller Regel höher liegt als die der umgebenden Körper, kann es im Radsport, durch die hohe Temperatur der sich stark aufheizenden Straßenoberfläche, zu einer Umkehrung der Strahlungsrichtung kommen. Wie in Abbildung 2 dargestellt, nimmt der Radsportler in diesem Fall Wärmestrahlung aus der Umgebung auf, was in der Folge zur weiteren Erhöhung des Hitzestresses führt (Jeukendrup 2002, S. 46).

Können die Abgabemechanismen der Konduktion, Konvektion und Strahlung einen existierenden Wärmeüberschuss nicht mehr ausgleichen, da, zum Beispiel durch muskuläre Arbeit, große Wärmemengen im Körper gebildet werden oder die Umweltbedingen eine Wärmeabgabe über diese drei Wege verhindern, so kann nur noch die Perspiration die Vorraussetzungen für eine fortgesetzte Wärmeabgabe schaffen.

II.1.2.4 Perspiration

Die Perspiration ist kein eigenständiger Wärmeabgabemechanismus, sondern unterstützt lediglich die Wärmeabgabe durch Konduktion und Konvektion. Kenneth Kamler fasst diesen Zusammenhang sehr plastisch zusammen:

> When tinkering with blood vessels isn't getting the job done [erhöhte Wärmeabgabe] and the skin is heating up, the hypothalamus turns on the sprinkler system.
>
> (Kamler 2004, S. 130)

Die Aufgabe der „Sprinkleranlage des Körpers“ als Unterstützungsmechanismus der Konduktion und Konvektion besteht darin, die Haut, inklusive der Schleimhäute entlang der Atemwege, zu kühlen, so dass sich der Temperaturgradient zwischen Kern und Schale erhöht und der Körper größere Wärmemengen an die Umgebung ableiten kann (siehe Kap. II.1.2.1 - Konduktion und II.1.2.2 - Konvektion). Feuchtigkeit auf der Haut ist jedoch nur dann in der Lage, die Oberfläche zu kühlen, wenn die Umweltbedingungen den Energie umsetzenden Prozess der Verdampfung zulassen. Entscheidend für die Effektivität der Perspiration ist also nicht das Temperaturgefälle, sondern das Dampfdruckgefälle zwischen Haut und Umgebung (Bartels 1991, S. 207). Da der Körper keine direkten Sensoren für den Wasserdampfdruck besitzt, erfolgt die daher als „insensibel“ bezeichnete Form der Perspiration, im Gegensatz zur sensiblen Perspiration, unbemerkt.

Durch die Perspiratio insensibilis gelangt bei einem Mann mittlerer Statur etwa 1 Liter Wasser pro Tag an die Körperoberfläche. Dies geschieht zu 80 bis 90% per Diffusion durch die Haut und zu etwa 10 bis 20% durch die Ruhesekretion der ekkrinen Schweißdrüsen, die den Großteil der menschlichen Schweißdrüsen ausmachen und über die ganze Haut verteilt liegen (Klußmann 1999, S. 508). Die Wärmeabgabe durch die insensible Perspiration beläuft sich auf ca. 10% der Gesamtwärme des Körpers. Dieser Anteil bleibt sowohl unter Ruhe- als auch Belastungsbedingungen relativ konstant (Wilmore 2004, S. 310). Aufgrund dieser Tatsache benötigt der Mensch für den Fall eines vermehrten Wärmeabgabebedarfs einen flexibleren Mechanismus – die Perspiratio sensibilis.

Unter Ruhebedingungen haben beide Formen der Perspiration einen Anteil von etwa 20% an der Gesamtwärmeabgabe des Organismus. Die unter Belastung mögliche Erhöhung dieses Anteils auf 80% kann, da die Perspiratio insensibilis kaum variierbar ist, nur auf die sensible Perspiration zurückzuführen sein (Wilmore 2004, S. 311).
Der Mensch besitzt etwa 100 Schweißdrüsen pro cm^2 Körperoberfläche (Weineck 2002, S. 731), die über Nervenfasern des sympathischen Nervensystems, die so genannten Sudomotoneurone aktiviert werden (Handwerker 1999, S. 546), sobald die Körperkerntemperatur über 37,1 beziehungsweise die Hauttemperatur über 34° C steigt (Stegemann 1971, S. 164). Erreicht der neuronale Impuls die Schweißdrüse, so beginnt sie mit der Sekretion des primär aus Wasser bestehenden Schweißes. Über diesen Weg kann der Körper unter sehr hoher Wärmebelastung bis zu 12 bis 15 Liter in 24 Stunden ausscheiden (Berghold 1982, S. 21). Sofern das Wasser in der Umgebung vollständig verdampfen kann, entspricht die Produktion eines Liters Schweiß einer Wärmeabgabe von etwa 580 kcal (Wilmore 2004, S. 310). Für die oben genannte Wasserabgabe bedeutete dies einen Wärmeverlust von 8700 kcal.

Die Große Menge an Schweiß, die den Körper unter Hitzestress verlässt, löst zwar unter Umständen das Problem der Hyperthermie, schafft aber gleichzeitig die neuen Probleme der Hypovolämie und des Elektrolytverlustes.
Selbst bei maximaler oraler Flüssigkeitsaufnahme durch den Athleten, während der Belastung, kann es ihm unter Hitzebedingungen nicht gelingen, den Perspirationsverlust auszugleichen, da einem anzunehmenden Wasserverlust von etwa 2 bis 2,5 Litern pro Stunde bei intensiver Belastung lediglich eine maximale Flüssigkeitsaufnahmekapazität des Körpers von 0,8 bis 1,2 Litern gegenübersteht (Bridge 2002, S. 52). Dieser Nettoverlust an Wasser bewirkt eine Erhöhung der Blutviskosität, was zum Teil erhebliche Leistungsverluste und eine Einschränkung der weiteren konvektiven und perspirativen Wärmeabgabe zur Folge hat. Auch der, mit der Schweißproduktion einhergehende Elektrolytverlust kann sich negativ auf die Leistung auswirken. Da sich das Wasser im Körper über den Mechanismus der Osmose immer so verteilt, dass ein Gleichgewicht der Salzkonzentrationen zwischen dem Zellinneren und dem Extrazellularraum herrscht, kann ein durch Perspiration hervorgerufener Elektrolytverlust erheblichen Einfluss auf die Leistungsfähigkeit der betroffenen Zelle und damit des Gesamtorganismus haben.

II.2 Ausdauerleistungsfähigkeit

Die menschliche Ausdauerleistungsfähigkeit findet ihre Grenzen in der zentralen und lokalen Ermüdung. Da die Erstere in dieser empirischen Untersuchung nicht berücksichtigt wird, soll hier allein auf die Letztere eingegangen werden.
Die zur lokalen Ermüdung führenden, limitierenden Faktoren der menschlichen Ausdauerleistungsfähigkeit werden in den zwei folgenden Kapiteln unter den Überschriften *das pulmonale System* und *das Herzkreislaufsystem* zusammengefasst und näher betrachtet. Ist hierbei von der „Ausdauerleistungsfähigkeit" die Rede, so bezieht sich der Begriff im Zusammenhang dieser Arbeit auf die Ermüdungswiderstandsfähigkeit bei einer zyklischen, dynamischen Langzeitausdauerbelastung (Martin et al. 2001, S. 174). Eine Darstellung der energetischen Aspekte erfolgt an dieser Stelle nicht, da sie in der vorliegenden Untersuchung nur von sekundärer Bedeutung ist.

II.2.1 Das Pulmonale System

Di Prampero (1985) beschreibt den Weg des Sauerstoffes aus der Umwelt bis zu den Mitochondrien als „a cascade of resistances in series, each being overcome by a specific pressure gradient".

Die Lunge stellt das erste Glied in der, von Di Prampero angesprochenen Reihe der Widerstände dar, die der Sauerstoff auf seinem Weg aus der Umwelt zu den Mitochondrien überwinden muss. Unter Ausdauerbelastungsbedingungen, also bei stark erhöhtem O_2-Bedarf der muskulären Mitochondrien, muss es der Lunge gelingen, ihr Atemzeitvolumen zu erhöhen um somit dem jeweiligen Sauerstoffbedarf Rechnung zu tragen. Zu Beginn einer Belastung erfolgt diese Anpassung zunächst über eine Vergrößerung des Atemzugvolumens (Whipp und Ward 2000). Sind hier nach Aktivierung der gesamten Atemmuskulatur (insbesondere Diaphragma und Interkostalmuskulatur), sowie der Atemhilfsmuskulatur (insbesondere Bauchmuskulatur) maximale Zugvolumina erreicht, kann eine weitere Erhöhung des Atemzeitvolumens nur noch durch die Steigerung der Atemfrequenz erreicht werden (Whipp und Ward 2000). Bei voller Ausschöpfung des Atemzeitvolumens verfügt das pulmonale System, wie verschiedene Untersuchungen an Menschen und Säugetieren zeigen konnten, über eine strukturelle Redundanz (Hoppeler und Weibel 1998), also eine Überkapazität. Die Bedeutung des pulmonalen Systems als limitierender Faktor des O_2-Transportes zu den Mitochondrien und damit der Ausdauerleistungsfähigkeit scheint daher gering. Die Tatsache, dass die alveoloarterielle Sauerstoffdifferenz auch bei längeren Belastungen relativ konstant gehalten werden kann (Dempsey und Manohar 1993, S. 75), kann als weiterer Beleg dieses Sachverhaltes betrachtet werden.
Unter Hitzebedingungen jedoch setzt die oben beschriebene, reflektorische Erhöhung der Atemfrequenz früher ein (ebd., S. 74), was zu einer Mehrbelastung der Atemmuskulatur bei erhöhten Körpertemperaturen führt. Diese Mehrbelastung kann sich ihrerseits, wenn auch nicht begrenzend, so doch negativ auf die Ausdauerleistung des Athleten auswirken, da nun möglicherweise sowohl Skelettmuskulatur, als auch Haut (Vasodilatation zur Wärmeabgabe) und Atemmuskulatur nach dem „steal-effect" (Harms 2000) um ihre Anteile am Herzzeitvolumen konkurrieren und daher die Atemmuskulatur möglicherweise früher ermüdet (siehe auch Kap. IV - Forschungsstand).
Vor dem Hintergrund der Erkenntnisse Di Pramperos (1985) jedoch, nach denen die maximale Sauerstoffaufnahmekapazität von Menschen und Säugetieren zu etwa 80% vom Herzzeitvolumen begrenzt wird, sollen im Folgenden die leistungslimitierenden Faktoren des Herzkreislaufsystems näher betrachtet werden.

II.2.2 Das Herzkreislaufsystem

Folgen wir dem Sauerstoff der Atemluft auf seinem Weg zu den Mitochondrien, so folgt das Blut, als nächstes Glied der von Di Prampero beschriebenen „Widerstandskaskade". Das Hämoglobin der roten Blutkörperchen bindet den Sauerstoff an sich und das Blut kann diesen somit zu den Zellen transportieren. Eine erhöhte Konzentration von roten Blutkörperchen verbessert also grundsätzlich die Sauerstoffaufnahmefähigkeit des Blutes und damit die Leistung. Zu Beginn der Belastung auf dem Fahrradergometer, insbesondere unter Hitzebedingungen, kommt es zu einer solchen Hämokonzentration (Harrison 1985) . Diese führt zwar zu einer verbesserten O_2-Aufnahmefähigkeit des Blutes, hat jedoch keinen positiven Einfluss auf die Leistungsfähigkeit, da sie durch eine Abnahme des Plasmavolumens und nicht durch eine Zunahme der absoluten Zahl von Erythrozyten begründet ist (Sawka et al. 1985). Zur Erklärung des verringerten Plasmavolumens bei Radsportbelastungen im Allgemeinen und unter Hitzebedingungen im Speziellen, können drei grundlegende Mechanismen herangezogen werden: Erstens wird durch die als Folge der Belastung auftretende Erhöhung des systolischen Blutdrucks vermehrt Flüssigkeit aus den Gefäßen ins Interstitium gepresst; zweitens führt die Anhäufung metabolischer Abfallprodukte innerhalb der Muskulatur zu einer Erhöhung des osmotischen Drucks, der einen weiteren Verlust von Flüssigkeit aus den Gefäßen nach sich zieht; drittens erfolgt durch die vermehrte Schweißsekretion bei Hyperthermie, leicht verzögert (Schweiß besteht aus interstitieller Flüssigkeit und daher nur indirekt aus Blutplasma), ein zusätzlicher Plasmaverlust (Wilmore 2004, S. 236). Die Abnahme des Plasmavolumens und damit auch des gesamten Blutvolumens hat zur Folge, dass gesamtsystemisch ein geringeres Blutvolumen zur Verfügung steht, um welches Skelettmuskulatur, Atemmuskulatur und Haut konkurrieren müssen – die Leistungsfähigkeit nimmt ab.

Die gezielte Zuführung von Blut zu den Zellen des Körpers mit dem höchsten Bedarf und der jeweils aktuell größten Bedeutung für den Organismus erfolgt über das vaskuläre System. Zu diesem Zweck können die Arterien, Arteriolen, Venulen und Venen ihr Lumen (der Hohlraum in den Gefäßen) variieren und dadurch die Höhe der Blutzufuhr in ein bestimmtes Gewebe steuern. Unter Ruhebedingungen besitzen die Gefäße einen individuell recht stabilen Ruhetonus, der die Muskulatur der Gefäße gerade soweit zur Kontraktion anregt, dass ein gewisser, basaler Blutdruck gewährleistet ist und die Gefäßwände der Venen soweit gedehnt werden, dass sie als „Blutspeicher" (Markworth 2001, S. 145) des Körpers fungieren können. Bei Belastungsbeginn verändert sich der Blutbedarf der verschiedenen Organe und Gewebe erheblich. Der Bedarf der Muskulatur an der Gesamtblutmenge zum Beispiel kann sich unter Belastung, im Vergleich zu Ruhebedingungen, von circa 15 bis auf über 80% erhöhen (Wilmore 2004, S. 218). Auch die Haut benötigt vor dem Hintergrund einer erhöhten Wärmebildung und den in dieser Untersuchung hohen Umgebungstemperaturen einen größeren Blutanteil zur Aufrechterhaltung der Thermoregulation (siehe Kap. II.1 - Thermoregulation).

Die Regelung von Vasodilatation und -konstriktion erfolgt zum einen durch nerval-humorale und zum anderen durch lokale Steuerungsmechanismen, durch deren Zusammenspiel eine optimale Blutvolumenverteilung ermöglicht wird. Bei der nerval-humoralen Steuerung kommt es über eine Veränderung der elektrischen Entladungsrate sympathischer Nervenfasern, die vor allem die Arteriolen, aber auch alle andere Gefäße mit Ausnahme der Kapillaren, innervieren, zu einem Anstieg oder einer Verringerung des Gefäßwiderstandes. Darüber hinaus können auch die aus dem Nebennierenmark ins Blut ausgeschütteten Catecholamine (vor allem Adrenalin und Noradrenalin) eine Veränderung des Gefäßlumens herbeiführen (Weineck 2002, S. 154).
Die beschriebene nerval-humorale „Grobsteuerung" wird in bestimmten Geweben (z.B. Skelettmuskulatur) durch eine lokale „Feinsteuerung" direkt im betroffenen Gewebe ergänzt. Werden Muskelzellen über ihre Motoneurone aktiviert, so werden im Zuge der Aktionspotentialbildung K^+-Ionen in den Extrazellulärraum freigesetzt, die eine entspannende Wirkung auf die glatte Gefäßmuskulatur ausüben (Kuschinsky 2005, S. 456). Die Gefäße dilatieren also genau dort am stärksten, wo die Erregungsrate der Neuronen am Höchsten ist. Desweiteren kann eine lokale Gefäßdilatation auch metabolisch bedingt sein. Hierbei lösen vasoaktive Abfallprodukte des Zellstoffwechsels eine Dilatation der Gefäße in ihrer Umgebung aus und verbessern somit den Abtransport eben dieser Substanzen durch die vergrößerte, das Gewebe perfundierende Blutmenge (Wilmore 2004, S. 219).
Wenn nun unter Belastung in den verschiedenen Geweben mehr Sauerstoff benötigt wird als mit dem Blut transportiert wird, so stoßen die Umverteilungsmechanismen des Gefäßsystems an ihre Grenzen, und nur eine Erhöhung der Auswurfleistung des Herzens kann die Sauerstoffversorgung noch verbessern.

Die Auswurfleistung des Herzens beschreibt die Menge Blut, die das Herz pro Zeiteinheit in die Aorta verlässt – also das Herzzeitvolumen. Letzteres kann sowohl durch eine Erhöhung der Herzfrequenz, der Kontraktionskraft, als auch durch eine Vergrößerung des Schlagvolumens erreicht werden. Die Anpassung dieser Mechanismen an den sich verändernden Bedarf in Ruhe und Belastung erfolgt durch zwei Mechanismen, die Sympathikusaktivierung und den sogenannten Frank-Starling-Mechanismus. Während die sympathische Aktivierung über die entsprechenden neuronalen Bahnen zu einer gesteigerten oder verringerten Frequenz beziehungsweise Kontraktionskraft der Herzmuskelfasern führt, ist der Frank-Starling-Mechanismus abhängig von der Vordehnung der Herzmuskelfasern (Kuschinsky 2005, S. 422). Im Zusammenhang dieser Arbeit ist insbesondere die Vordehnung des rechten Ventrikels (Preload) von Bedeutung die in direkter Verbindung zur Höhe des venösen Rückstromes steht. Ist das Angebot an venösem Blut am rechten Herzen

groß, so führt dies zu einer erhöhten Vordehnung des Ventrikels (diastolische Wandspannung), was im Effekt in einer größeren Kontraktionskraft resultiert (Kuschinsky 2005, S. 423). Auf diese Weise kann unter Umständen der Anstieg der Herzfrequenz im Laufe der Belastung verringert werden. Hierdurch würde sich die Zeit bis zum Erreichen der maximalen Herzfrequenz verlängern und damit möglicherweise auch der Zeitraum in dem der Organismus sportliche Leistung erbringen kann.
Die Auswurfleistung des Herzens verringert sich zum Ende einer erschöpfenden Belastung (unter Hitze beschleunigt sich dieser Vorgang) aber grundsätzlich und führt dadurch zu einer geringeren Muskeldurchblutung und somit zu Leistungseinbußen (Gonzalez-Alonso und Calbet 2003). In einer neueren Untersuchung wiederum konnten Gonzalez-Alonso et al. (2004) zeigen, dass die Verringerung der Auswurfleistung in direktem Zusammenhang zur Höhe des Preloads steht. Die starke Kühlung der Haut mit ihrer nachfolgenden Konstriktion der venösen Gefäße dort könnte geeignet sein, das Blutangebot am rechten Herzen zu vergrößern und das Nachlassen der Auswurfleistung zu verzögern (siehe Kap. IV - Forschungsstand).

II.3 Messparameter

II.3.1 Körperkerntemperatur

Der oben beschriebene Zusammenhang von muskulärer Aktivität und Wärmebildung qualifiziert die Temperatur im Körperkern grundsätzlich als Indikator thermoregulatorischer Beanspruchung. Um hieraus jedoch valide Aussagen ableiten zu können, muss sowohl der Ort der Körperkerntemperaturmessung, als auch die zirkadiane, intrasubjektive und allgemein intersubjektive Variation berücksichtigt werden.
Es erscheint bei der Bestimmung der Körperkerntemperatur sinnvoll, die Temperatur an der Stelle als Körperkerntemperatur anzunehmen, an der der Körper primär seine „interne Temperatur" misst – dem Hypothalamus (Gunga 2005, S. 681). Da dieser für eine in vivo Messung nicht erreichbar ist, muss die Körperkerntemperatur an einem leichter zugänglichen Ort gemessen werden, dessen Temperatur der im Hypothalamus so ähnlich wie möglich ist. Eine Untersuchung an Herzchirurgiepatienten ergab die folgende, nach dem Abweichungsgradienten von der Hypothalamustemperatur geordnete Reihenfolge der Messorte: Pulmonalarterie, Ösophagus, Tympanum, Rektum, Achsel (Robinson 1998). Neben dem Kriterium der „Temperaturähnlichkeit" zum Hypothalamus, so ein weiteres Ergebnis der genannten Studie, muss bei der Festlegung des Messortes

berücksichtigt werden, mit welcher Zeitverzögerung Änderungen der Körperkerntemperatur an dem entsprechenden Ort messbar werden. Rektal- und Axillartemperatur zeigten hier beispielsweise erheblich höhere Verzögerungszeiten als Ösophagus- und Tympanum-Messungen.
Ist die Entscheidung für den Messort gefallen, muss desweiteren die intersubjektive Variabilität der Körperkerntemperatur berücksichtigt werden (Rising et al. 1992). Da die Unterschiede in Körperkerntemperatur und Körperkerntemperaturverlauf zwischen verschiedenen Testpersonen bisweilen erheblich sind, ist hier, im Sinne der Validitätsgewährleistung, besondere Vorsicht beim Vergleich dieser Werte geboten. Ähnliches gilt für intrasubjektive Vergleiche, da auch diese Werte verschiedenen zirkadianen und metabolischen Schwankungen unterliegen (Golenhofen 1997, S. 325 f).

II.3.2 Hauttemperatur

Betrachtet man die Hauttemperatur als Indikator für die konvektive Wärmeabgabe aus dem Kern, so kann sie, ähnlich der Körperkerntemperatur selbst, als Indikator für die thermoregulatorische Beanspruchung herangezogen werden.
Wie die Infrarotaufnahme in Abbildung 4 zeigt, gibt es jedoch keine einheitliche Hauttemperatur. Vielmehr gibt es überhaupt nur wenige unterschiedliche Stellen der Körperoberfläche, an denen zu einem gegebenen Zeitpunkt identische Temperaturen gemessen werden könnten. Vergleiche von Messergebnissen sind demnach nur dann valide, wenn sie am gleichen Messort ermittelt wurden. Die Unterschiede in der Oberflächentemperatur sind die Folge der oben beschriebenen konvektiven Wärmeabgabe, mit Hilfe des Blutes, von Orten hoher Wärmebildung an die Umgebung. Aus diesem Grund liegt die Hauttemperatur in der Nähe solcher Orte und an Stellen wo ein Anstieg der Organtemperatur besonders schwerwiegende Folgen hätte auch besonders hoch (Nybo et al. 2002).
Die Tatsache, dass die Hauttemperaturveränderung das Ergebnis einer Durchblutungsveränderung des entsprechenden Gebietes ist, kann sie, weitergehend als die Körperkerntemperatur, als Indikator für die Veränderung der gesamten Hämodynamik herangezogen werden.
Da die Hauttemperatur in direkter Abhängigkeit zur Körperkerntemperatur steht (siehe Kap. II.1 - Thermoregulation), müssen auch hierbei inter- und intrasubjektive Schwankungen Berücksichtigung finden.

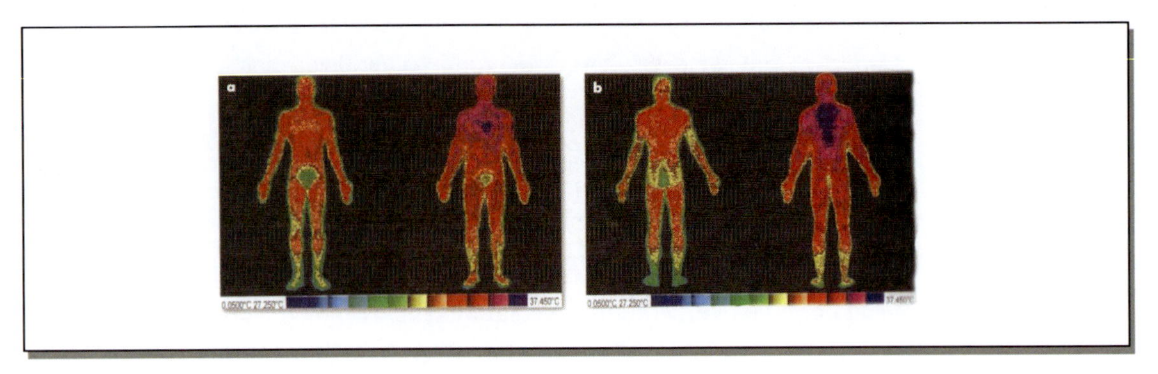

Abb. 4 Infrarotaufnahme des menschlichen Körpers (links: ventral; rechts dorsal) vor und nach einem Lauf bei 30°C und 70% relativer Luftfeuchtigkeit (Wilmore und Costill 2004, S. 310)

II.3.3 Herzfrequenz

Wie oben beschrieben, steigt die Herzfrequenz direkt nach Belastungsbeginn durch Sympathikusregulierung an, um den erhöhten Blutbedarf der arbeitenden Systeme zu decken. Diese Tatsache qualifiziert die Herzfrequenz prinzipiell als Belastungs- und Leistungsindikator. Da auch ihre Messung mit Hilfe moderner Herzfrequenzmessgeräte einfach möglich ist, ist sie eine der am Weitesten verbreiteten Verfahren der Belastungssteuerung (Achten 2002, S.59). Weit schwieriger als die Bestimmung von Herzfrequenzen und ihren Verläufen gestaltet sich ihre Interpretation im Rahmen einer Diagnostik der Leistung.

Auf Grund der hohen interindividuellen und belastungsbezogenen Variation in Bezug auf absolute oder relative Herzfrequenzwerte, sowie deren Verlauf über die Zeit (Malik 2002), sollten Vergleiche vornehmlich intraindividuell, bei gleicher Belastungsform durchgeführt werden. Doch auch innerhalb des selben Probanden unterliegt die Herzfrequenz einer Vielzahl von Einflussfaktoren.

Zunächst wird die Herzfrequenz von psychischen, zirkadianen und schlafbezogenen Größen beeinflusst (Burgess 1997). Daher sollten das Stressempfinden der Testteilnehmer so weit wie möglich reduziert und die Leistungstests stets zu etwa der gleichen Tageszeit durchgeführt werden.

Zwei für den Zusammenhang dieser Arbeit besonders wichtige Einflussfaktoren sind die Umgebungs- und Körpertemperaturen. Neben Anderen konnten Gonzalez-Alonso et al. zeigen, dass sich die Herzfrequenz parallel zum Anstieg der Körperkerntemperatur erhöht und die Herzfrequenzwerte bei gleicher Leistung unter Hitze um 10 bis 30 Schläge höher liegen können als unter thermoneutralen Bedingungen (Gonzelez-Alonso et al. 2000; Gonzelez-Alonso et al. 1999).

In enger Verknüpfung mit dem Aspekt der Temperatur steht die Herzfrequenzbeeinflussung durch Dehydration. Zur Aufrechterhaltung des Herzzeitvolumens unter den Bedingungen eines verringerten Blutvolumens kann es zu einer Erhöhung der Herzfrequenz um bis zu fast 5% kommen, die

bei zusätzlicher Hyperthermie um weitere 4 Prozentpunkte auf bis zu 9% ansteigen kann (Gonzalez-Alonso et al. 1997).
Ein weiterer, jedoch besonders für die Leistungsdiagnostik auf dem Fahrradergometer nicht unerheblicher Einflussfaktor ist die Körperposition auf dem Rad. Eine zusätzliche Aktivierung von Oberkörpermuskulatur durch die Einnahme einer flacheren, aerodynamischen Position kann beispielsweise bereits zu einer Erhöhung der Herzfrequenz um 5 Schläge pro Minute führen (Gnehm et al. 1997).

II.3.4 Blutlaktatkonzentration

Laktat ist ein Endprodukt der anaeroben Glykolyse, das insbesondere in Herz, Leber und Nieren abgebaut und zur Energiegewinnung herangezogen werden kann. Die Anhäufung von Laktat ist folglich ein Indikator, sowohl für die Sauerstoffversorgung der arbeitenden Muskulatur, als auch für den jeweiligen Anteil einzelner Muskelfasertypen an der Spannungsentwicklung der insgesamt beteiligten Muskeln. Verschiedene Untersuchungen gelangten sogar zu der Auffassung, dass die intramuskuläre Laktatanhäufung ein besserer Indikator für die Ausdauerleistungsfähigkeit sei, als die maximale Sauerstoffaufnahmefähigkeit (z.B. Bishop et al. 1998; Craig et al. 1993).
Soll nun ein bestimmter Laktatwert ermittelt werden, ergibt sich auch hier die Frage nach dem Ort der Messung. Im Sinne eines Höchstmaßes an Validität, müsste die Laktatkonzentration im Muskel selbst, also am Ort des Entstehens, gemessen werden. Der hohe technische Aufwand und die für den Probanden resultierenden Unannehmlichkeiten einer hierzu durchgeführten Biopsie lassen diese Methode als weniger praktikabel erscheinen. Da jedoch das entstehende Laktat mit dem Blut aus der Muskulatur „herausgespült“ wird, können auch die Blutlaktatkonzentrationen zur Bestimmung eines validen Laktatindikators herangezogen werden (Bourdon 2000, S. 52). Bei Vergleichen verschiedener Laktatwerte muss hierbei berücksichtigt werden, an welcher Stelle das Blut jeweils entnommen wurde. Vor allem die Art des Gefäßes (Arterie, Vene oder Kapillare) ist entscheidend für den Grad der Vergleichbarkeit von Messergebnissen (Foxdal et al. 1990). Desweiteren können Unterschiede in Funktion und Aufbau der Blutanalysegeräte die Vergleichbarkeit einschränken. Aus diesen Gründen sollten die Blutproben immer an vergleichbaren Orten (z.B. den einzelnen Fingerkuppen oder den beiden Ohrläppchen) entnommen werden und dann mit dem gleichen Gerät analysiert werden.
Setzt man die ermittelten Laktatwerte in Beziehung zu bestimmten Intensitätsfaktoren (z.B. Leistung oder Herzfrequenz), so erhält man eine Laktat-Intensitäts-Kurve, deren Veränderung durch Training oder Variation der Testbedingungen im Sinne einer Leistungsdiagnostik interpretierbar

ist. Abbildung 5 zeigt mögliche Formen der Kurvenverschiebung. Eine Rechts- und/oder Abwärtsverschiebung des Graphen ist ein Indikator für eine Verbesserung der belastungsspezifischen aeroben Kapazität (Graphen A und B). Demgegenüber deutet eine Links- und/oder Aufwärtsverschiebung des Graphen auf eine Verringerung der aeroben Kapazität hin (Graphen C und D).

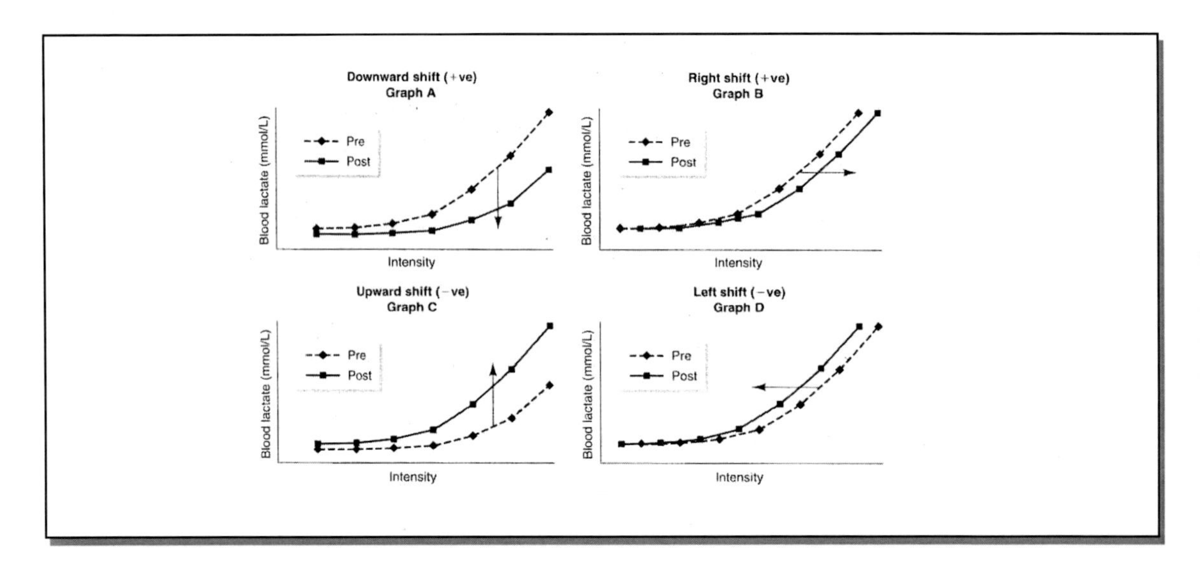

Abb. 5 Blutlaktat-Belastungsintensitäts-Kurven (Bourdon 2000, S. 65).

III. Forschungsstand

III.1 Aktive Belastungsvorbereitung („Aufwärmen")

Die aktive sportliche Belastung vor Beginn eines Wettkampfes, zum Ziele einer späteren Leistungssteigerung (Renström und Kannus 1993, S. 328), ist unter Leistungssportlern übliche Praxis. Ein grundsätzlich leistungssteigernder Effekt aktiver Vorbereitungsmaßnahmen konnte in zahlreichen Studien bestätigt werden (Ingjer und Stromme 1979, Atkinson et al. 2005, Hajoglou et al. 2005, Burnley et al. 2005).

Die hierbei zu Grunde liegenden physiologischen Prozesse sind jedoch bisher nicht abschließend erklärt (Gerbino et al. 1996). Verschiedene Untersuchungen kommen zu dem Schluss, dass die positiven Effekte aktiver Vorbereitungsmaßnahmen durch eine Verbesserung der Sauerstoffaufnahme verursacht werden könnten (Bishop 2003, Hajoglou et al. 2005, Burnley et al. 2002). Nimmt man einen Zusammenhang zwischen Leistungsverbesserung nach vorbereitender Belastung und einer Veränderung der VO_2-Kinetik an, so bleibt die Frage, wodurch diese hervorgerufen wurde. Renström und Kannus (1993, S. 328) nehmen eine verstärkte Muskelperfusion als ursächlich an, vor allem vor dem Hintergrund der mit physischer Belastung einhergehenden Vasodilatation im beanspruchten Muskelgewebe. Diese Annahme wird gestützt von Gerbino et al. (1996), die die Ursache der verbesserten Sauerstoffaufnahme ebenfalls in einer Durchblutungssteigerung der Muskulatur sehen. Sie nehmen an, dass diese vor allem die Folge einer belastungsinduzierten Erhöhung der Azidität im Muskelgewebe ist. Auch Marshall (2000) geht von diesem Zusammenhang aus und empfiehlt daher, in der Vorbereitung, kurze Intervalle in Höhe der Rennbelastung zu absolvieren, um die anaerobe, laktazide Energiegewinnung verstärkt in die Belastungsvorbereitung einzubeziehen. Burnley et al. (2002) sehen vor allem in der nach einer vorbereitenden Belastung vermehrten Rekrutierung einer größeren Zahl motorischer Einheiten eine mögliche Begründung für die gesteigerte Sauerstoffaufnahme. Auch Joch und Ückert (1999) nehmen einen Zusammenhang von Aufwärmarbeit und erhöhter Leistungsfähigkeit des Nervensystems an, was die Hypothese einer verstärkten Aktivierung motorischer Einheiten unterstützen würde.

Verschiedene Autoren haben vor dem Hintergrund der Annahme, dass eine vorbereitungsinduzierte Erhöhung der Körperkerntemperatur auf Werte von 38,5 bis 39°C, wie sie Israel (1977, S. 387) als Optimaltemperatur für den Ablauf zahlreicher physiologischer und leistungsrelevanter Prozesse beschreibt, nicht notwendige Bedingung für eine erfolgreiche Belastungsvorbereitung ist, Untersuchungen zu den Auswirkungen von externer Kühlung während der vorbereitenden Belastung durchgeführt (Hunter et al. 2006, Joch und Ückert 2005/06, Arngrimsson et al. 2004). Hierbei kam es in allen drei Studien durch eine Kombination von Precooling und aktiver Belastungsvorbereitung sowohl zu Leistungsverbesserungen in den anschließenden Leistungstests, als auch zu einer Reduzierung des thermischen Stresses während der Vorbereitungs- und Testbelastungen.

III.2 Precooling

Die Summe der zum Precooling durchgeführten Untersuchungen umfasst eine Vielzahl unterschiedlicher Kühl- und Testdesigns.
Zunächst lassen sich hierbei die verschiedenen Kühlmethoden in Bezug auf Zeitpunkt, Dauer und Medium der Kühlung unterscheiden: Die Bezeichnung Precooling, also eine „Vor-Kühlung", impliziert, dass der Kühlvorgang prinzipiell vor der eigentlichen Zielbelastung stattfindet. Es muss jedoch genauer berücksichtigt werden, ob die Kälteapplikation unmittelbar vor der Testbelastung, vor oder während der Belastungsvorbereitung oder aber auch zwischen zwei oder mehr Zielbelastungen erfolgt. Die Kühldauer variiert in der Regel in einem Bereich von 9 (Smith et al. 1997) bis 60 Minuten (Drust et al. 2000). Als Kühlmedien kommen Wasser, Luft, Eis und chemisch hergestellte Kühlflüssigkeiten und Feststoffe zum Einsatz.
Darüber hinaus unterscheiden sich die Art und Weise der Applikation dieser Medien bisweilen erheblich. Die am häufigsten eingesetzte Form der Wasserkühlung, wie zum Beispiel bei Booth et al. (1997) oder White et al. (2003), ist die sogenannte Wasserimmersion. Wasser wird aber ebenso in Form eines Abduschens (Drust et al. 2000) oder Besprühens (Mitchell et al. 2003) appliziert. Die Wassertemperatur, die gekühlten Körperbereiche, die Kühldauer und der Aktivitätsstatus des Testteilnehmers (z.B. schwimmend, ruhig liegend, stehend etc.) sind hierbei ebenfalls vielfach unterschiedlich.
Bei der Luftkühlung lassen sich im Grundsatz zwei verschiedene Applikationsformen differenzieren. Zum einen ist dies eine Kühlung durch Aufenthalt (in Ruhe oder in Bewegung) der Testperson in einem Raum mit gekühlter Umgebungsluft und zum Anderen eine Gebläsekühlung, bei der neben der Wärmeleitung auch verstärkt eine konvektive Komponente der Energieabgabe besteht. Da in aller Regel eine Kühleffektkontrolle mittels Körpertemperaturmessungen erfolgt, besteht hier, wie auch bei den anderen Methoden, ein enger Zusammenhang zwischen Dauer und Intensität der Applikation. Ein Variationsspektrum der Temperatur von 22°C (Mitchell et al. 2001) über 5°C (z.B. Lee und Haymes 1995) bis zu -110°C (Joch und Ückert 2003) steht in diesen Beispielen Kühlzeiträumen von 12, 30 und 2,5 Minuten gegenüber.

Vor dem Hintergrund der Praktikabilität der Kühlmethoden in Training und vor allem Wettkampf, erweist sich die Anwendung von Eis oder chemisch synthetisierten Kühlstoffen als besonders geeignet. Wurde das Eis in den Anfängen des Precoolings noch auf die Haut massiert (Myler et al. 1989), so wurde die Applikation von Kühlstoffen durch die Entwicklung von Kühlwesten deutlich vereinfacht. Diese verfügen über Kammern, die entweder mit Eis gefüllt werden (z.B. *Neptune Wetsuits Australia* - Arngrimsson et al. 2004), die Substanzen enthalten, die durch Einlegen in Wasser ihren Aggregatzustand verändern und in der Folge in der Lage sind, Wärmeenergie zum Zwecke einer erneuten Aggregatzustandsveränderung aufzunehmen (z.B. *Arctic Heat* - Webborn et al. 2005) oder die mit synthetischen Gels gefüllt sind, die nach Aktivierung in Eis- oder Kühlschrank beziehungsweise Lagerung bei Raumtemperatur zur Kühlung eingesetzt werden können.

III.2.1 Die Veränderung der Leistung

Die Effekte des Precoolings sind in unterschiedlichen sportlichen Disziplinen untersucht worden. Im Vordergrund stehen dabei aber bisher meist die typischen Ausdauerdisziplinen Radfahren und Laufen (siehe Kap. IV.2.4 - Zusammenfassung). In einzelnen Untersuchungen werden aber auch die Auswirkungen verschiedener Kühlmaßnahmen auf die Leistung im Rudern (Joch und Ückert 2005/06), Schwimmen (Bolster et al. 1999) oder bei weiteren leichtathletischen Disziplinen (Joch et al. 2002) betrachtet.
Im Bezug auf die Dauer der von den Probanden zu erbringenden Testbelastungen, ergibt sich ein Spektrum von 45 Sekunden (Sleivert et al. 2001) bis zu 90 Minuten (Drust et al 2000). Allerdings erfolgte bei den Untersuchungen jenseits einer Belastungsdauer von 60 Minuten nur bei Duffield et al. (2003) eine Leistungsmessung, so dass die meisten leistungsüberwachten Testbelastungen weniger als 60 Minuten umfassten. Neben der Belastungsdauer ist die Belastungsintensität von besonderer Bedeutung. Während beispielsweise Sleivert et al. (2001) und Marsh und Sleivert (1999) einmalige Sprintbelastungen auf dem Rad untersuchten, und Duffield et al. (2003) 80 5-Sekunden-Radsprints über einen Zeitraum von 80 Minuten absolvieren ließen, betrachteten andere Autoren wie Daanen et al. (2006) oder Gonzalez-Alonso et al. (1999) Langzeitausdauerbelastungen bei 60% VO_{2max}.
In den 18 vorgestellten Untersuchungen mit Leistungsmessung kam es in 13 Fällen zu einer Leistungsverbesserung, bei 2 zu einer Leistungsverschlechterung und in 3 Fällen veränderte sich die Leistung nicht signifikant (siehe Kap. IV.2.4 - Zusammenfassung). Es bleibt festzuhalten, dass verschiedene Precoolingdesigns geeignet sind, die Leistung in Sprint- (Marsh und Sleivert 1999)

und vor allem in Ausdauerbelastungen variierender Dauer und Intensität zu verbessern (z.B. Cotter et al. 2001 [35 Min.; 65% VO_{2max}] oder Morrison et al. 2006 [28-58 Min.; 95% VO_{2max}]).

III.2.2 Die Veränderung der Körpertemperaturen

Da die Leistung unter Hitzebedingungen vermutlich von einer kritischen internen Temperatur, also der Körperkerntemperatur, begrenzt wird (Walters et al. 2000; Gonzalez-Alonso 1999), liegt es nahe, durch ein Absenken dieser Temperatur im Vorfeld, das Zeitfenster bis zum Erreichen kritischer Körperkerntemperaturen zu vergrößern und den späteren Hitzestress während des Tests (respektive: Wettkampf oder Training) zu verringern.

Verschiedene Untersuchungen konnten zeigen, dass ein unterschiedlich starkes Absenken der Körperkerntemperatur durch Wasserkühlung vor der Belastung zu einer Leistungsverbesserung unter Hitzebedingungen führen kann. So erreichten Booth et al. (1997) mit einer Verringerung der Rektaltemperatur um 0,7°C eine Leistungsverbesserung in einer 30-minütigen maximalen Laufbelastung unter Hitzebedingungen, wohingegen bei Morrison et al. (2006) sogar in einer deutlich längeren Testbelastung ein precooling-induziertes Absinken der Körperkerntemperatur um 0,5°C ausreichte, um die Leistung zu verbessern. Demgegenüber steht die Untersuchung Bergh und Ekbloms (1979), die bei einer Reduktion der Körperkerntemperatur vor dem Start auf 35,8°C in einer kürzeren Ausdauerbelastung (5-8 Min. 110% VO_{2max}) eine Verringerung der Leistung feststellten. Es ist festzuhalten, dass die Wasserkühlung in 10 von 12 ausgewerteten Untersuchungen zu einem Absinken der Körperkerntemperatur führte und in 2 Untersuchungen die Körperkerntemperatur konstant blieb.

Auch bei der Kühlung durch Luft, Eis oder synthetische Kühlmittel wurde zum Beispiel bei Arngrimsson et al. (2004) und Webborn et al. (2005) eine Verringerung der Körperkerntemperatur beobachtet oder, wie bei Cheung und Robinson (2004) bewusst herbeigeführt. Allerdings konnten Letztere keine Leistungsverbesserung erzielen. Interessant ist in diesem Zusammenhang die Untersuchung von Lee und Haymes (1995), deren 30-minütige Precoolingmaßnahme bei 5°C Umgebungstemperatur sogar zu einem Anstieg der Körperkerntemperatur führte. Obwohl die Körperkerntemperatur in dieser Untersuchung zunächst in der Folge des Precoolings ansteigt, kommt es im Verlauf des Tests, im Vergleich zum Kontrolltest, zu einer Verringerung der Temperatur im Kern. Dieses Phänomen wird in der Literatur als „afterdrop effect" bezeichnet. Man nimmt an, dass sich hierbei die Precoolingmaßnahme primär auf die Temperatur der Körperschale auswirkt, die Gefäße dort durch den Kältereiz zur Konstriktion angeregt werden und es zu einer relativen Blutvolumenverschiebung in Richtung Körperkern kommt. Lässt nun der Kältereiz während der

Belastung nach, strömt das Blut vasodilatationsbedingt zurück in die „kalten" Gewebeschichten der Schale, kühlt sich ab, fließt wiederum zurück in den Kern und verringert somit auch die Temperatur dort (Pollard und Murdoch 1998, S. 33ff). Gelänge es demnach, durch Precooling, die Haut über einen möglichst langen Zeitraum während der Belastung hinweg kühl zu halten, so wäre ein konstanter Temperaturgradient zwischen Kern und Schale und damit eine „vereinfachte" Wärmeabgabe gewährleistet, was indirekt zu einer Entlastung des Herzkreislaufsystems beitragen könnte.

III.2.3 Die Veränderungen im Herzkreislauf- und Stoffwechselsystem

In einem Review zur Thermophysiologie aus dem Jahre 1999 nennt Douglas Casa (1999) die drei entscheidenden Veränderungen im Herzkreislaufsystem (HKS) bei Belastung unter Hitzebedingungen: erstens kommt es zu einer Vasodilatation im Bereich der Haut (Wärmeabgabe) und der Muskulatur (Metabolismus), zweitens wird in nicht oder weniger aktiven Geweben die Perfusion durch Vasokonstriktion verringert und drittens wird der Blutdruck trotz und in letzter Konsequenz auf Kosten der Perfusion von Haut und/oder Skelettmuskulatur aufrechterhalten.
Nun findet man unter Belastung und besonders bei Hitze eine sogenannte cardiovascular drift (CVD) also eine Verschiebung innerhalb bestimmter kardiovaskulärer Parameter (Gonzalez-Alonso et al. 1999). Dies sind vor allem eine Verringerung des Herzschlagvolumens (SV) und ein Anstieg der Herzfrequenz (HF). Die in der aktuellen Literatur dominierende Hypothese eines kausalen Zusammenhangs der CVD mit dem Grad der Hautdurchblutung wurde von Loring B. Rowell bereits 1986 zusammengefasst (Rowell 1986, S. 363-406). Dieser Hypothese zu Folge führt die Vasodilatation in der Haut zu einer Erhöhung der Blutmenge im venösen System der betroffenen Hautareale. Der hierdurch bedingte geringere venöse Rückstrom zum Herzen verringert das enddiastolische Volumen im rechten Ventrikel – das Schlagvolumen nimmt ab und der Körper reagiert, zur Aufrechterhaltung des Blutdrucks, mit einer Herzfrequenzerhöhung. Nimmt man einen solchen Zusammenhang an, sind die positiven Auswirkungen einer Hautkühlung (damit verbunden: Vasokonstriktion) auf das HKS im Rahmen des Precoolings schlüssig erklärbar (z.B. Quod et al. 2005; Arngrimsson et al. 2004; Cotter et al. 2001). Es ist davon auszugehen, dass das SV, zumindest so lange die Hautkühlung anhält, nach Precooling, im Vergleich zu den Kontrollbedingungen, größer und die HF geringer ist.
Unabhängig von den vielfach gezeigten abschwächenden Effekten des Precoolings auf die CVD (z.B. Joch et al. 2002 und Joch und Ückert 2003) wird der Kausalzusammenhang zwischen Hautdurchblutung und CVD immer wieder in Zweifel gezogen. So beobachteten Gonzalez-Alonso et

al. (2000) bei einer Ausdauerbelastung unter Hitzebedingungen (35°C) und bei Kälte (8°C) keine Unterschiede im SV, obwohl die Hautdurchblutung im ersten Fall um den Faktor vier höher lag. Daraus ergibt sich die Frage, welcher Mechanismus dann für die Abnahme des SV verantwortlich ist, sollte es die Hautdurchblutung nicht sein. Fritzsche et al. (1999) nennen den Anstieg der HF als Ursache des verringerten SV, da sie zeigen konnten, dass bei medikamentös konstant gehaltener HF während einer Belastung (β-Rezeptoren Blockade) auch das SV konstant blieb. Legt man der Analyse der precooling-induzierten Auswirkungen auf das HKS diese Hypothese zu Grunde, so muss eine Kühlung vor der Belastung die HF während der Belastung senken, wie dies beispielsweise bei Marsh und Sleivert (1999), Cotter et al. (2001) und Joch et al. (2002) bei Kühlung durch Wasserimmersion, Tragen einer Eisweste und Luftkühlung in einer Kältekammer festgestellt wurde. Coyle und Gonzalez-Alonso (2001) nennen vor allem zwei Mechanismen die zur Erklärung einer solchen HF-Erniedrigung in Betracht gezogen werden können: 1.) Durch eine Verringerung der hitze-induzierten Sympathikusaktivität nach Precooling könnte es zu einer Abschwächung der sonst unter Hitzestress auftretenden HF-Erhöhung kommen (Gorman und Proppe 1984; LeBlanc et al. 1978). 2.) Es wird angenommen, dass eine Verlangsamung der Dehydration durch eine Herabsetzung der Schweißrate, wie sie unter anderem bei Kay et al. (1999) und Wilson et al. (2002) beobachtet wurde, auch zu einer Verlangsamung der Blutvolumenreduktion führt (Fritzsche et al. 1999; Montain und Coyle 1992). Ein daraus resultierendes höheres Blutangebot am rechten Herzen könnte das SV erhöhen und der Anstieg der HF würde verzögert.
Unabhängig von der zur Erklärung der HKS-Effekte durch Precooling herangezogen Hypothese bleibt festzuhalten, dass bestimmte Precoolingmaßnahmen offenbar in der Lage sind, das HKS insofern im Sinne einer Leistungssteigerung positiv zu beeinflussen, als dass es zu einer Verlangsamung der CVD kommt.

Gonzalez-Alonso und Calbet (2003) konnten zeigen, dass die unter Hitzestress beschleunigte CVD zu einer Abnahme der muskulären Blut- und damit der Sauerstoffversorgung führt. Die Abnahme des O_2-Angebotes in der Muskulatur wiederum korreliert stark mit der Höhe der Laktatakkumulation im Blut (Grassi et al. 1999), was durch die Ergebnisse Febbraios et al. (1994; 1996) bestätigt wird.
Obwohl es nach Precooling meist zu einer mehr oder minder stark ausgeprägten thermoregulatorischen Entlastung des Organismus und damit zu einer Verringerung des Hitzestresses kommt (siehe Tab. 2), sind die Ergebnisse bezüglich einer Veränderung der Blutlaktatkonzentrationen durch Kühlung nicht einheitlich. Joch et al. (2003) fanden nach hoch dosierter Kälteapplikation in einer Kältekammer (-110°C) in einer intervallisierenden Belastung auf dem Fahrradergometer (150/250

Watt) signifikant geringere Blutlaktatkonzentrationen als unter Kontrollbedingungen. Allerdings waren die Unterschiede hier am Ende der Belastung nicht mehr signifikant. Bei Quod et al. (2005) hingegen waren die Blutlaktatkonzentrationen der Teilnehmer nach einem kombinierten Precooling mit Wasserimmersion und Kühlweste am Ende eines ausbelastenden Zeitfahrtests noch immer signifikant geringer als im Test ohne Kühlung ($p \leq 0,05$). Bezogen auf die Blutlaktatkonzentrationen scheint es also nicht zwingend zu einer Abnahme der precooling-induzierten Effekte mit der Länge der Belastung zu kommen. Eine weitere Untersuchung Joch und Ückerts (2005/06) unterstützt diese Annahme insofern, dass hier bei deutschen Spitzenläufern bei 3 hintereinander absolvierten 1000m-Läufen die Unterschiede zwischen den Blutlaktatkonzentrationen mit und ohne Precooling im letzten Lauf am Größten waren (6,4 zu 14,2 mmol/l).
Demgegenüber steht die Untersuchung Booths et al. (1997), in der es nach Precooling, am Ende einer maximalen Ausdauerbelastung über 30 Minuten, zu einer Erhöhung der Blutlaktatwerte im Vergleich zur Kontrollbedingung kam. Die Autoren führen die höhere Laufgeschwindigkeit nach Kühlung als Grund für die höheren Blutlaktatkonzentrationen an. In diversen weiteren Untersuchungen wurde keine signifikante precooling-induzierte Veränderung der Blutlaktatwerte gefunden (Duffield et al. 2003; Marsh und Sleivert 1999; Gonzalez-Alonso et al. 1999; Lee und Haymes 1995; Drust et al. 2000). Aus dem bisherigen Stand der Forschung lässt sich keine valide Aussage darüber treffen, inwiefern einzelne Methoden, bezogen auf die verwendete Precoolingmaßnahme und die Art und Dauer der Testbelastung, das Blutlaktatverhalten beeinflussen. Es bleibt jedoch festzuhalten, dass eine durch Kühlung induzierte Verlangsamung des Körperkerntemperaturanstiegs offenbar zu einer Abnahme der Netto-Muskelglykogennutzung führen kann, was sich in einer Verringerung der Blutlaktatkonzentration niederschlägt (Febbraio et al. 1996b).

III.2.4 Zusammenfassung

Die Auswertung der in diesem Kapitel dargestellten Untersuchungen ergibt folgendes Bild:
Die Methoden des Precoolings variieren in Bezug auf das Kühlmedium, die gekühlten Körperbereiche, die Kühldauer und -intensität, den Aktivitätsstatus der Testpersonen während der Kühlung und den Zeitpunkt der Kühlung in Bezug auf den Beginn der Testbelastung. Darüber hinaus zeigen sich bisweilen erhebliche Unterschiede in Bezug auf Art, Dauer und Intensität der Testbelastung.
Der Unterschiedlichkeit der Methoden stehen zahlreiche Übereinstimmungen bezogen auf die Effekte des Precoolings gegenüber. So scheinen bestimmte Precoolingverfahren geeignet, die Ausdauerleistung sowie, bisher weniger untersucht, die Schnelligkeits- und Kraftfähigkeit zu verbes-

sern (Castle et al. 2006, Webborn et al. 2005, De Ruiter und De Haan 2001, Bigland-Ritchie et al. 1992). Relative Einheitlichkeit findet sich auch im Bezug auf eine precooling-induzierte Reduktion der Körpertemperaturen mit einhergehender Verringerung des Hitzestresses während der Belastung. In direktem Zusammenhang zur Abnahme des Hitzestresses dürfte auch der leistungsbezogen positive Einfluss des Precoolings auf das Herzkreislaufsystem und die Verlangsamung der CVD stehen, was sich wiederum im Sinne der Ausdauerleistung positiv auf das muskuläre Stoffwechselsystem auswirken kann.

Weiterer Untersuchungsbedarf besteht unter Anderem bei der Frage nach den Wirkmechanismen des Precoolings: 1.) Welche Bedeutung hat die Absenkung der Körperkerntemperatur für die Leistungsverbesserung? 2.) Inwieweit übt die Kühlung direkten Einfluss auf das Zentralnervensystem aus? 3.) Hat die Kälte einen direkten Einfluss auf das Herzkreislaufsystem?
Im Bereich der Methoden stellt sich weiterhin die Frage, welche Kälteapplikationsform die Effektivste zur Erhöhung der Leistungsfähigkeit ist, an welchen Körperbereichen diese angewendet werden sollte und ob der Sportler während der Kühlung in Bewegung oder in Ruhe sein sollte.

Die folgende Tabelle fasst die Ergebnisse der ausgewerteten Untersuchungen im Bereich der Rad- und Laufsportbelastungen schematisch zusammen. Zur Erläuterung der darin verwendeten Abkürzungen sei auf die Legende unterhalb der Aufstellung verwiesen.

Autoren	Kühlung (Art)	Kühlung (Dauer)	Kühlung (KKT)	Belastung (Test)	BD	UB	P	HS
Bergh & Ekblom (1979)	H_2O (S) ~GK	Max. 25	35,8 (ÖS)	A+R (110% VO_{2max})	VF (5-8)	20-22	↓	↓
Bolster et al. (1999)	H_2O (I) GK	31	- 0,5 (rekt.)	S+R (0)	60	25,6/ 26,6	0	↓
Booth et al. (1997)	H_2O (I) GK	60	- 0,7 (rekt.)	L (sp)	30	32	↑	↓
Daanen et al. (2006)	H_2O (WA) GK/OK/UK	45	→ (rekt.)	R (60% VO_{2max})	40	30	0	↓
Drust et al. (2000)	H_2O (D) GK	60	- 0,6 (rekt.)	L (int.)	90	20	0	→
Gonzalez-Alonso et al. (1999)	H_2O (I) GK	30	35,9 (ÖS)	R (60% VO_{2max})	VF (28-63)	40	↑	↓
Kay et al. (1999)	H_2O (I) GK	60	→ (rekt.)	R (sp)	30	31	↑	↓
Marsh & Sleivert (1999)	H_2O (I) OK	Max. 30	- 0,3 (rekt.)	R (sp)	70s	29	↑	↓
Morrison et al. (2006)	H_2O (I) UK	Max. 60	- 0,5 (ÖS/rekt.)	R (95% VO_{2max})	VF (28-58)	30	↑	↓
Quod et al. (2005)	H_2O (I) GK [+KW]	30 (H_2O) + 40 (KW)	- 0,7 (rekt.) nach AW	R (fpo)	40	34,3	↑	↓
White et al. (2003)	H_2O (I) OK/UK	30	- 0,3 (rekt.)	R (60% VO_{2max})	30	30,3/ 31,9	0	↓
Wilson et al. (2002)	H_2O (I) UK	30	↓ (rekt.)	R (60% VO_{2max})	60	30	0	↓
Joch et al. (2002)	Luft (KK -110)	2-3	0	R (Max.F/ Max. V)	0	20	↑	0
Joch et al. (2003)	Luft (KK -110)	2,5	0	R (int.)	26	21	↑	0
Joch & Ückert (2005/06)	Luft (KK -110)	2,5	0	L (85% HF_{max})	20	20	↑	0

Tab. 2 (Teil a) Schematische Darstellung des Forschungsstandes zum Precooling in den Disziplinen Radfahren und Laufen.

Die Zeitangaben sind, wenn nicht anders gekennzeichnet, in Minuten angegeben.

A – Armarbeit AW – Aufwärmen BD – Belastungsdauer D – Abduschen EW – Eisweste F – Kraft fpo – fixed power output GK – Ganzkörper H_2O - Wasserkühlung HS – Hitzestress I – Immersion int. – intermittierend KKT – Körperkerntemperatur KW – Kühlweste L – Laufen OK – Oberkörper OPC – ohne Precooling ÖS – im Ösophagus P – Leistung PC – mit Precooling R – Rad rekt. – rektal gemessen S – Schwimmen sp – self paced UB – Umgebungsbedingungen UK - Unterkörper V – Geschwindigkeit WA – Wasseranzug gemessen VF – volitional fatigue 0 – keine Angabe „→“ - gleichbleibend „↑“ – Anstieg „↓“ – Verringerung

Lee & Haymes (1995)	Luft (Umg. 5)	30	↑ (rekt.)	L (82% W_{max})	VF 22,4-26,2	24	↑	↓
Mitchell et al. (2003)	Luft/ H_2O (Spr) 22	20	0	L (100% W_{max})	VF 6,1- 6,6	38	↓	↓
Mitchell et al. (2001)	Luft (Umg. 22)	Min. 12	- 1,0 (ÖS)	L (int. 125% VO_{2max})	2 Sets à 6x 30s	38	0	↓
Cotter et al. (2001)	Luft + EW (3 + 0)	45	0	R (65% VO_{2max}-Max)	35	35	↑	↓
Sleivert et al. (2001)	Luft + EW (3 + 0)	45	0	R (sp)	45s	33	→	↓
Arngrimsson et al. (2004)	EW	38	-0,2/ -0,3 (rekt./ÖS)	L (sp)	5 km (16,4-16,9)	32	↑	↓
Cheung & Robinson (2004)	KW	Bis KKT ↓	-0,5 (rekt.)	R (int. Sprint)	30	22	→	↓
Duffield et al. (2003)	EW	5 (+ in Bel. Pausen)	→	R (int. Sprint)	80	30	→	↓
Hunter et al. (2006)	EW	59	Post AW (Diff. PC-OPC = 0,47)	L (sp)	4/6 km (14:58-18:27)	26-27	0	↓
Joch & Ückert (2005/06)	KW	30	0	L (sp)	3 x 1000m	21-22	↑	0
Tegeder et al. (2006)	EW	Ca. 60	Post AW (Diff. PC-OPC = 0,39)	L (sp)	8 x 1000m	24-30	0	↓
Webborn et al. (2005)	EW	20	-0,3 (rekt./ÖS)	A (int. Sprint)	28	32	0	↓

Tab. 3 (Teil b) Schematische Darstellung des Forschungsstandes zum Precooling in den Disziplinen Radfahren und Laufen.

IV. Arbeitshypothesen

Aus der Analyse des Forschungsstandes und den Erkenntnissen aus Kapitel II leiten sich folgende Ergebnishypothesen für die hier dargestellte Untersuchung ab.

1.) Die Ausdauerleistungsfähigkeit verbessert sich durch Precooling im Vergleich zum Kontrolltest (CONTROL).

a) Die Leistung im Zeitfahrtest wird größer sein.
b) Die Blutlaktatkonzentration wird grundsätzlich niedriger sein.
c) Die Herzfrequenz wird grundsätzlich niedriger sein.

2.) Es kommt durch Precooling im Vergleich zu CONTROL zu einer thermoregulatorischen Entlastung des Organismus'.

a) Die Hauttemperatur wird während und nach der Kühlung geringer sein.
b) Die Körperkerntemperatur wird während und nach der Kühlung geringer sein.

3.) Die Ausdauerleistungsfähigkeit verbessert sich durch Precooling mit Hilfe des Kaltlufttherapiegerätes (CRYO5) stärker als unter Einsatz der Kühlweste (WESTE).

d) Die Leistung im Zeitfahrtest wird in CRYO5 größer sein als in WESTE.
e) Die Blutlaktatkonzentration wird in CRYO5 grundsätzlich niedriger sein als in WESTE
f) Die Herzfrequenz wird in CRYO5 grundsätzlich niedriger sein als in WESTE.

4.) Die thermoregulatorische Entlastung wird in CRYO5 ausgeprägter sein als in WESTE.

a) Die Hauttemperatur wird während und nach der Kühlung in CRYO5 geringer sein als in WESTE.
b) Die Körperkerntemperatur wird während und nach der Kühlung in CRYO5 geringer sein, als in WESTE.

V. Methode

V.1. Probanden

Die untersuchte Stichprobe bestand aus 11 männlichen, leistungsorientierten Radsportlern (n=11)[1] im Alter zwischen 19 und 30 Jahren (im Mittel: 24,09 $\pm$ 3,45), die schriftlich ihr Einverständnis zur Teilnahme an allen vier Einzeltests im Voraus erklärten. Alle Probanden hatten bereits zu früheren Zeitpunkten an Leistungsuntersuchungen teilgenommen und waren grundsätzlich mit den Abläufen solcher Tests vertraut. Bei einem durchschnittlichen Gewicht von 73,27 ($\pm$ 10,35) kg und einer Körpergröße von 181,09 ($\pm$ 8,80) cm lag der mittlere Körperfettanteil bei 11,87 ($\pm$ 2,83) %. Der aus Gewicht und Größe errechnete Body Mass Index (BMI) lag im Mittel bei 22,22 ($\pm$ 1,31) kg/m^2 und die mittlere Körperoberfläche belief sich auf 1,93 ($\pm$ 0,18) m^2 (BSA).

n	Alter (in Jahren	Gewicht (in kg)	Größe (in cm)	K-Fett (in %)	BMI (in kg/m^2)	BSA (in m^2)
1	27	74,0	183	9,6	22,1	1,95
2	23	65,0	175	11,3	21,2	1,79
3	24	68,0	181	10,9	20,8	1,87
4	27	88,0	194	13,8	23,4	2,19
5	24	76,0	187	12,2	21,7	2,01
6	25	80,0	184	16,3	23,6	2,03
7	19	69,0	175	11,1	22,5	1,84
8	30	57,0	163	9,6	21,5	1,61
9	21	75,0	180	13,7	23,1	1,94
10	19	63,0	177	6,6	20,1	1,78
11	26	91,0	193	15,5	24,4	2,22

Tab. 4 Biometrische Daten der Testteilnehmer (Alter, Gewicht, Größe, Körperfettanteil an der Gesamtkörperzusammensetzung, Body Mass Index (BMI), Body Surface Area (BSA)). Die Probanden 1-6 sind Sportstudenten, die Probanden 7-11 sind Amateurradfahrer der Klassen B und C.

[1] Aus den ursprünglich 13 untersuchten Testpersonen konnte ein Proband krankheitsbedingt seinen letzten Test nicht mehr absolvieren und ein weiterer musste aus der Stichprobe herausgenommen werden, da sowohl die gemessenen physiologischen Parameter, als auch die Aussagen des Probanden selbst, eine nicht vollständige Ausbelastung in einzelnen Tests nahelegten (z.B. Leistungssteigerung in CRYO5 um 110%).

	n	Minimum	Maximum	Mittelwert	Standardabweichung
Alter (in Jahren)	11	19	30	24,09	3,45
Gewicht (in kg)	11	57	91	73,27	10,35
K-Länge (in cm)	11	163	194	181,09	8,80
K-Fett (in %)	11	6,6	16,3	11,87	2,83
BMI (in kg/m^2)	11	20,1	24,4	22,22	1,31
BSA (in m^2)	11	1,61	2,22	1,93	0,18

Tab. 5 Minima, Maxima, Mittelwerte und Standardabweichungen der ermittelten biometrischen Daten.

Bezogen auf den wöchentlichen Gesamttrainingsumfang gaben die Teilnehmer Umfänge von 9 bis 17 Stunden an, wovon sie zwischen 1 bis 17 Stunden auf dem Rad (Rennrad, Mountainbike, Crossrad), der Trainingsrolle oder einem stationären Radergometer trainierten. Diese Angaben bezogen sich auf eine nach Einschätzung der Probanden durchschnittliche Trainingswoche im Zeitraum November/Dezember 2006, also nach Beendigung der Wettkampfsaison in der Übergangsphase.

	n	Minimum	Maximum	Mittelwert	Standardabweichung
Umfang Sport pro Woche (in Minuten)	11	540 (9h)	1020 (17h)	728 (12,13h)	156,51 (2,61h)
Umfang Radsport pro Woche (in Minuten)	11	60 (1h)	1020 (17h)	404 (6,73h)	325,71 (5,43h)

Tab. 6 Minima, Maxima, Mittelwerte und Standardabweichungen des Gesamtsportumfangs und des Radsportumfangs pro Woche.

Zur Erklärung der hohen Standardabweichungen bezogen auf die Trainingsumfänge lassen sich vor allem zwei Erklärungsmuster heranziehen. Nach ihren eigenen Angaben sind nicht alle Sportler in der Übergangsphase an Trainingsvorgaben gebunden, so dass diese, vor allem in Abhängigkeit von der „Härte“ der absolvierten Saison, die Trainingsumfänge mehr oder minder stark reduziert hatten. Darüber hinaus wurde die Gesamtstichprobe (n=11) aus zwei Teilstichproben zusammengesetzt: 1.) Radsporterfahrene Sportstudenten der Universität Münster (n=6) und 2.) Radsportler eines Münsteraner Amateurteams der Klassen B und C (n=5). Durch eine derartige Zusammensetzung soll gewährleistet werden, dass die Auswirkungen der unterschiedlichen Kühlmethoden auf die Ausdauerleistungsfähigkeit beim Radfahren unabhängig vom ausdauerdisziplinären

Spezialisierungsgrad der Probanden untersucht werden können. Da sich die Unterschiede in den biometrischen Daten zwischen den Teilstichproben nicht signifikant unterscheiden[2], sind in Tabelle 6 ausschließlich die Trainingsumfänge, aufgeschlüsselt nach den beiden Gruppen, nochmals dargestellt.

	n	Minimum	Maximum	Mittelwert	Standardabweichung
Sport pro Woche (in Minuten) *Studenten*	6	540 (9h)	840 (14h)	630 (10,50h)	112,25 (1,87h)
Sport pro Woche (in Minuten) *Amateure*	5	720 (12h)	1020 (17h)	846 (14,10h)	116,96 (1,95h)
Radsport pro Woche (in Minuten) *Studenten*	6	60 (1h)	240 (4h)	140 (2,33h)	64,81 (1,08h)
Radsport pro Woche (in Minuten) *Amateure*	5	600 (10h)	1020 (17h)	720 (12h)	174,93 (2,92h)

Tab. 7 Trainingsumfänge pro Woche bezogen auf den Gesamtsportumfang und den Radsportumfang, aufgeschlüsselt nach Studenten und Amateuren.

Während sich die Mittelwerte der Gesamtsportumfänge bei den Studenten und den Amateuren nicht signifikant ($p \leq 0{,}067$) voneinander unterscheiden, liegen bezogen auf die Radsportumfänge hoch signifikante ($p \leq 0{,}004$) Unterschiede vor. Der radsportspezifische Trainingszustand (umfangbezogen) im Zeitraum November/Dezember 2006 liegt bei den Amateuren deutlich höher.

V.2 Tests

Im Vorfeld der insgesamt vier Testtermine wurde jedem Proband ein Ablaufplan über die vorgesehenen Tests, die Einverständniserklärung und ein Hinweisblatt mit Vorgaben zur individuellen und standardisierten Pretest-Vorbereitung zugesandt (siehe Kap. XI. - Anhang). In der Einverständniserklärung bestätigten die Teilnehmer ihre Bereitschaft, in guter geistiger und körperlicher Verfassung zu den Tests zu erscheinen und im Sinne der Ausbelastung an ihre willentlich erreichbare Leistungsgrenze zu gehen. Zu den Tests erschienen die Teilnehmer, nach eigenen Angaben

[2] Zwischen den biometrischen Daten der Mitglieder beider Teilstichproben wurden in gepaarten T-Tests keine signifikanten Unterschiede ermittelt: Körpergewicht ($p \leq 0{,}664$), Körpergröße ($p \leq 0{,}190$), Körperfettanteil ($p \leq 0{,}900$), Body Mass Index ($p \leq 0{,}675$), Body Surface Area ($p \leq 0{,}474$).

(siehe Kap. XI.6 - Pretestfragebogen), in dem im Hinweisblatt beschriebenen ernährungs- und trainingsbezogenen Pretest-Zustand.

V.2.1 Eingangsstufentest

V.2.1.1 Design

Das Ziel des Eingangsstufentests war die Ermittlung der individuellen, maximalen Ausdauerleistungsfähigkeit (W_{max}), definiert als die höchste, im Test erreichte Leistungsstufe (Peiffer et al. 2005). Diese sollte in den folgenden Zeitfahrtests als Grundlage der Leistungssteuerung dienen, was in Einklang zu den Erkenntnissen von Tan und Aziz (2005) sowie Hawley und Noakes (1992) steht, die zeigen konnten, dass die W_{max} als valides Instrument zur Vorhersage von Zeitfahrergebnissen herangezogen werden kann.

In Anlehnung an Lindner (2005, S.69) und Craig et al. (2000, S. 269) wurde für alle Teilnehmer eine Startbelastung von 100 Watt festgelegt. Jeweils nach fünf Minuten wurde die durch das Ergometer vorgegebene Leistung um 50 Watt erhöht, bis der Teilnehmer den Test auf Grund von Erschöpfung selbst abbrechen musste oder er nicht mehr in der Lage war, die vorgegebene Trittfrequenz von 80 bis 110 Umdrehungen pro Minute zu halten, die von den meisten erfahrenen Straßenradsportlern in Training und Wettkampf gewählt wird (Foss und Hallen 2004; Lucia et al. 2001; Hagberg et al. 1981). Die Probanden wurden im Laufe des Tests durch einen Monitor über die noch verbleibende und bereits absolvierte Zeit innerhalb der aktuellen Stufe sowie über ihre momentane Trittfrequenz informiert.

Der Eingangsstufentest wurde unter Laborbedingungen bei 22,18 ($\pm$ 0,88)°C und einer relativen Luftfeuchtigkeit von 55,38 ($\pm$ 5,13)% durchgeführt. Jeder Proband trug hierbei eine kurze Radhose, Socken und Radschuhe. Der Test wurde mit freiem Oberkörper absolviert.

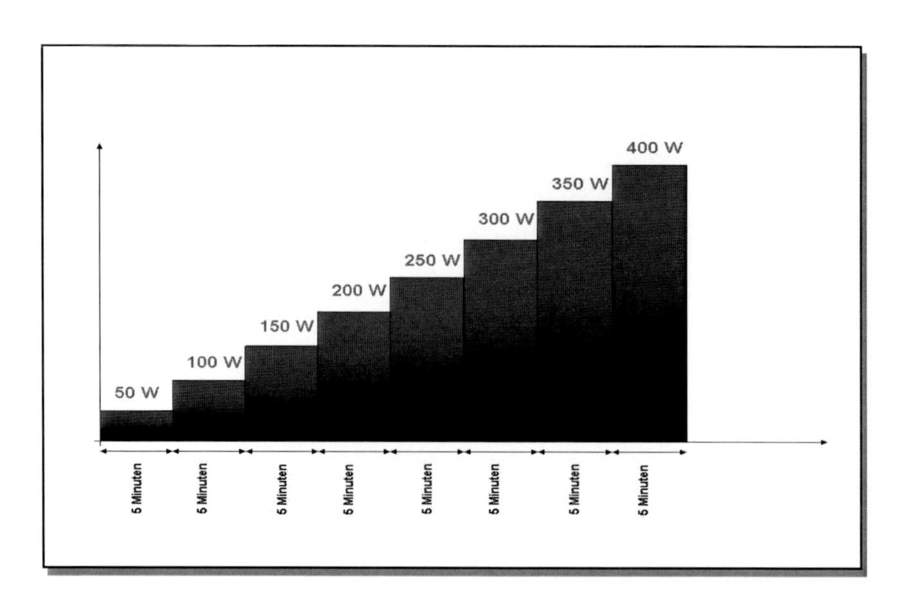

Abb. 6 Schematische Darstellung des Testdesigns im Eingangsstufentest

V.2.1.2 Ablauf

Nach Ausfüllen des Pretest-Fragebogens wurde das Ergometer entsprechend der Maße der eigenen Rennmaschine eingestellt, wobei gegebenenfalls eigene Pedale und Sättel montiert wurden. Daraufhin wurde die Messung des relativen Körperfettgehaltes durchgeführt, die Körperkerntemperatur vor der Belastung gemessen und der Proband nahm, ausgestattet mit dem Brustgurt zur Herzfrequenzmessung, seine Testposition auf dem Ergometer ein. Auf ein Signal des Probanden wurden zeitgleich sowohl die Herzfrequenzmessung, als auch der zuvor mit der SRM-Software programmierte Stufentest gestartet. Ein Aufwärmen vor dem Test erfolgte nicht, da dieser bei einer für die untersuchte Probandengruppe niedrigen Belastungsstufe begann. Innerhalb der letzten 30 Sekunden jeder Stufe wurde die Körperkerntemperatur gemessen. Abhängig von der Einschätzung des Testleiters wurde innerhalb der letzten 30 Sekunden ausgewählter Stufen die Blutlaktatkonzentration ermittelt.

Während des Stufentests wurden die Probanden verbal durch den Testleiter angehalten, eine möglichst hohe Stufe zu erreichen und diese so lange wie möglich zu halten. Brach der Testteilnehmer die Belastung erschöpfungsbedingt ab oder konnte er die vorgegebene Mindesttrittfrequenz nicht mehr halten, so wurde die Höhe der letzten vollständig absolvierten Stufe sowie die in der nächsthöheren Stufe gefahrene Zeit notiert. Fuhr der Proband in dieser nicht beendeten Stufe länger als 150 Sekunden, so wurde die entsprechende Leistung dieser Stufe als W_{max} festgelegt. Lag der Wert unter 150 Sekunden, so wurde die Leistung der letzten, beendeten Stufe als W_{max} gewertet. Die Herzfrequenzmessung wurde gestoppt und die Ergometer-Software registrierte den Testabbruch, nach Absinken der Trittfrequenz auf Null, automatisch. Nach Absolvierung des Tests hatte jeder Testteilnehmer die Gelegenheit, sich nach eigenem Ermessen auf dem Ergometer „auszufahren“.

V.2.2 Zeitfahrtest

V.2.2.1 Design

Nachdem im Eingangsstufentest die individuelle, maximale Ausdauerleistungsfähigkeit (W_{max}) ermittelt wurde, mussten die Testteilnehmer im Zeitfahrtest eine durch das Ergometer vorgegebene Leistung von 90% W_{max} bis zur willensmäßigen Erschöpfung (point of volitional fatigue) aufrechterhalten. Es handelt sich hierbei also nicht um einen Test im Sinne des Wettkampfzeitfahrens, sondern um ein Testprotokoll, in dem die Zeit bis zum point of volitional fatigue (PVF) das Leistungskriterium darstellt. Der Wert von 90% W_{max} als Grundlage der Leistungssteuerung im Zeitfahrtest orientiert sich an der, von professionellen Straßenradsportlern in flachen Prolog-Zeitfahrrennen im Mittel erbrachten Leistung (Mujika und Padilla 2002, S. 82/85). Da professionelle Radsportteams aus renntaktischen Gründen kaum Informationen über aktuelle W_{max}-Werte ihrer Fahrer der Öffentlichkeit zugänglich machen, stützen sich solche Daten also meist auf eine kleine Stichprobe, der zudem vermutlich die Spitzenfahrer nicht angehören. Darüber hinaus hat die Auswahl des verwendeten Stufentests bisweilen erheblichen Einfluss auf die Höhe der ermittelten W_{max}. So wurden beispielsweise in zwei Untersuchungen, die eine durchgeführt von Padilla et al. (1999), die andere von Lucia et al. (2000), bei professionellen Radsportlern im ersten Fall W_{max}-Werte von 431 $\pm$ 42,6 Watt und im Zweiten von 521 $\pm$ 21,5 Watt ermittelt, wobei Padilla et al. ein Protokoll mit 4-Minuten Stufen und Lucia et al. eines mit 3-Minuten Stufen einsetzten. Die Festlegung auf 90% W_{max} in diesem Test beruht also auf einer Annäherung an die, in einem tatsächlichen Prolog von professionellen Radrennfahrern erbrachten Leistung.
Unmittelbar vor dem Zeitfahren absolvierten die Teilnehmer der Untersuchung ein standardisiertes Vorbereitungsprogramm. Hierin fuhren sie zunächst 10 Minuten bei einer konstanten, durch das Ergometer vorgegebenen Leistung von 60% ihrer individuellen W_{max}, gefolgt von einem 5-minütigen Intervallprogramm, in welchem sich kurze Phasen (30 Sekunden) bei 90% der W_{max} mit doppelt so langen Intervallen (60 Sekunden) bei 100 Watt abwechselten. Da der Stand der Forschung bezüglich der Art und Weise eines „optimalen“ Aufwärmens keine einheitlichen Ergebnisse zeigt (Bishop 2003), orientierte sich das Vorbereitungsprogramm dieser Untersuchung an den Vorschlägen Marshalls (2000) für die Vorbereitung auf ein kurzes Zeitfahren unter Wär-

mebedingungen. Zwischen der insgesamt 15-minütigen Vorbereitung auf dem Ergometer und dem Start des Tests, lag eine Ruhepause von 5 Minuten.

Das gesamte Testprotokoll (Vorbereitungsphase und Zeitfahrtest) wurde unter Laborbedingungen bei 31,44 (± 0,70)°C und 48,27 (± 4,65)% relativer Luftfeuchtigkeit insgesamt dreimal durchgeführt. Die regelungsbedingt auftretenden Unterschiede in Raumtemperatur und Luftfeuchtigkeit zwischen den drei Zeitfahrtests waren nicht signifikant ($p \leq 0{,}244$ und $p \leq 0{,}944$). In randomisierter Reihenfolge wurde bei den einzelnen Testterminen das Vorbereitungsprogramm (inklusive der 5-minütigen Ruhepause) entweder mit einer Oberkörperkühlung durch eine Kühlweste, mit Oberkörperkühlung durch das Kryotherapiegerät Cryo 5 oder ohne jegliche externe Kühlmaßnahme durchgeführt. Die Reihenfolge der Tests entsprach der unten stehenden Tabelle 7.

Proband	Zeitfahrtest I	Zeitfahrtest II	Zeitfahrtest III
1	CONTROL	CRYO5	WESTE
2	CRYO5	CONTROL	WESTE
3	CONTROL	WESTE	CRYO5
4	WESTE	CRYO5	CONTROL
5	CRYO5	CONTROL	WESTE
6	WESTE	CRYO5	CONTROL
7	CRYO5	CONTROL	WESTE
8	WESTE	WESTE	CONTROL
9	WESTE	CONTROL	CRYO5
10	WESTE	CONTROL	CRYO5
11	CONTROL	CRYO5	WESTE

Tab. 8 Randomisierung der drei Zeitfahrtests.

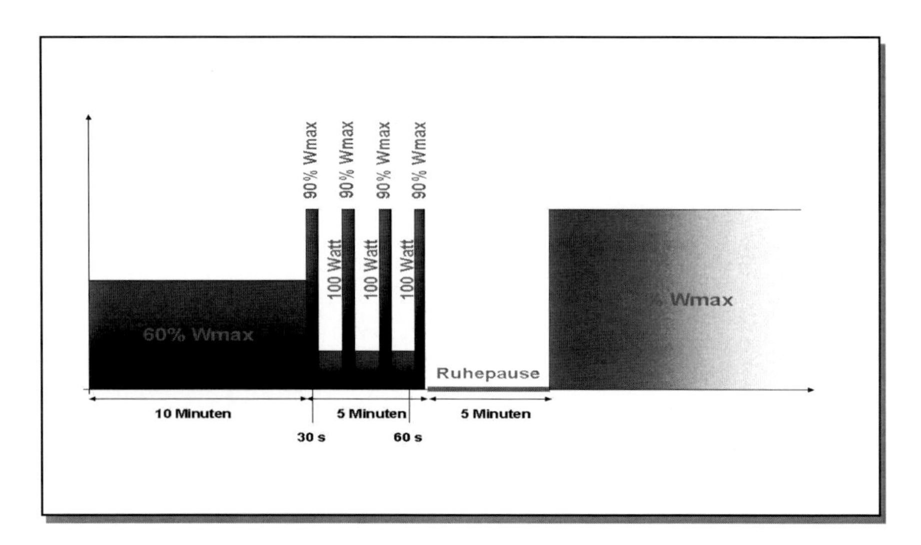

Abb. 7 Schematische Darstellung des Testdesigns im Zeitfahrtest

V.2.2.2 Ablauf

Die Probanden erschienen im vorgegebenen Pretest-Zustand (siehe Pretest-Fragebogen) zum Zeitfahrtest. Die einzelnen Tests fanden in einem Abstand von maximal 8 Tagen statt. In kurzer Radhose, Socken und Radschuhen betraten sie das aufgeheizte Labor und füllten den Pretest-Fragebogen aus. Währenddessen stellte der Testleiter das Ergometer individuell ein und montierte gegebenenfalls die mitgebrachten Pedale und Sättel der Probanden. Im Anschluss daran wurden der Brustgurt angelegt und die Ausgangswerte der Haut- und Körperkerntemperatur gemessen, wobei die Testpersonen die Körperkerntemperaturbestimmung auch in den Zeitfahrtests selbst durchführten. Die Testteilnehmer nahmen daraufhin ihre Position auf dem Ergometer ein.

Im Test ohne externe Kühlung (CONTROL) wurden nun, auf ein Signal des Probanden, das programmierte Vorbereitungsprogramm und die Herzfrequenzmessung gestartet. Nach 9 Minuten und 30 Sekunden begann zeitgleich die Messung der Tympanum-Temperatur durch den Probanden und die Hauttemperaturmessung durch den Testleiter. In den letzten 30 Sekunden der Intervallphase wurde dieser Vorgang wiederholt. Die 5-minütige Ruhephase verbrachten die Teilnehmer im aufgeheizten Labor auf einem Stuhl sitzend. Erneut in den letzten 30 Sekunden der Ruhephase wurden zeitgleich Kern- und Hauttemperatur ermittelt. Darüber hinaus wurde eine Kapillarblutprobe aus einer Fingerbeere entnommen und direkt auf den Blutlaktatwert hin analysiert.
Der Proband zog nun, unmittelbar nach der Ruhephase, ein Kurzarmtrikot an und nahm seine Testposition auf dem Ergometer ein. Das Zeitfahrprogramm und die Herzfrequenzmessung wurden gestartet. Bis zum Punkt des „volitional fatigue“ wurden alle 2:30 Minuten zeitgleich Kern- und Hauttemperatur bestimmt. Nach 4:30 begann die Vorbereitung der Entnahme einer neuen Kapillarblutprobe aus einer weiteren Fingerkuppe, die ebenfalls sofort analysiert wurde. Die Probanden wurden während der Belastung vom Testleiter verbal dazu angehalten, die vorgegebene Leistung möglichst lange aufrechtzuerhalten. Mussten die Testpersonen erschöpfungsbedingt abbrechen oder konnten sie die Mindesttrittfrequenz nicht länger erbringen, so wurde die Herzfrequenzmessung gestoppt, das Zeitfahrprogramm beendete sich automatisch und es wurden in dieser Reihenfolge, innerhalb der ersten 60 Sekunden nach Abbruch, erneut die Kern- und Hauttemperatur sowie der Blutlaktatwert ermittelt. Die als Kriterium der Ausdauerleistung festgelegte absolvierte Testdauer wurde am Herzfrequenzmessgerät abgelesen und notiert. Der Proband konnte sich nach Beendigung des Zeitfahrtests nach eigenem Ermessen „ausfahren“.

Der Ablauf der Tests unter Einsatz der externen Kühlmaßnahmen entsprach dem des oben beschriebenen Kontrolltests. Der Proband wurde hierbei während des gesamten 20-minütigen Vorbereitungsprogramms gekühlt.
Im Test mit Westenkühlung (WESTE) legten die Teilnehmer nach Einnahme ihrer Testposition auf dem Ergometer die Oberkörperkühlweste direkt auf der Haut an und zogen sie erst nach Ablauf der Ruhephase, am Ende der Vorbereitungsphase, wieder aus.
Die Oberkörperkühlung durch das Kryotherapiegerät (CRYO5) führte der Testleiter während des gesamten Vorbereitungsprogramms durch. Hierbei kam es apparaturbedingt und durch die laut Testdesign vorzunehmenden Messungen zu Unterbrechungen im Kühlvorgang. Während dieser Messungen und der Entnahme der Kapillarblutprobe am Ende der Ruhephase wurde die Kühlung für jeweils 30 Sekunden ausgesetzt. Nach 10 Minuten Betriebsdauer benötigt der Cryo 5 darüber hinaus eine 1-minütige Betriebspause, in der keine Kühlung erfolgen kann. Für eine detaillierte Beschreibung beider externen Kühlmaßnahmen sei auf die folgende Apparaturenbesprechung verwiesen.

V.3 Apparatur

V.3.1 Die externen Kühlmaßnahmen

V.3.1.1 Das Kryotherapiegerät

Zur Kühlung der Haut während der Vorbereitungsphase wurde das Kryotherapiegerät *Cryo5* der Firma Zimmer eingesetzt.[3]

Das ursprünglich für die Entzündungshemmung, Analgesie und Muskeldetonisierung entwickelte Gerät ist in der Lage, die Umgebungsluft zu trocknen und auf eine Temperatur von -30°C (Angabe des Herstellers) herabzukühlen. Über einen 180 cm langen Behandlungsschlauch wird die gekühlte Luft zu einer Düse geführt, deren Lumen 2 cm beträgt. Der Luftdruck beim Austritt aus der Düse ist sechsstufig regulierbar. In dieser Studie wurde grundsätzlich die höchste Druckstufe gewählt.

---

[3] Die in diesem Kapitel dargestellten technischen Daten entstammen dem entsprechenden Datenblatt der Firma Zimmer zu ihrem Produkt *Cryo5*, welches unter dem Link http://www.zimmer.de (Stand: 25.01.2007; 1000) einzusehen ist.

Die Kälteapplikation erfolgte durch den Testleiter, der die Düse mit der austretenden Kaltluft in einem Abstand von 5 cm langsam über die Haut führte. Es wurden hierbei ausschließlich der ventrale und dorsale Oberkörperbereich und der Hals gekühlt. Im Bereich der Nieren erfolgte keine Kühlung. Die von der Applikation betroffenen Hautflächen entsprachen demnach der bei Westenkühlung. Der Kühlungsvorgang begann grundsätzlich im Nackenbereich. Von dort wurden mit der Applikationsdüse horizontale Bahnen beschrieben, die den dorsalen Brustkorb hinweg bis zur Horizontalachse über dem zehnten Brustwirbel verliefen. Dieser Weg wurde innerhalb einer Minute zwei- bis dreimal absolviert. Danach begann die Kühlung der ventralen Körperseite im Bereich des Halses. Auch hier wurde die Applikationsdüse in horizontalen Bahnen langsam bis hinab zur Horizontalachse durch den Bauchnabel über die Haut geführt. Dieser Vorgang wurde in einer Minute ebenfalls zwei- bis dreimal wiederholt. Die Kühlung der jeweiligen Oberkörperseite wechselte im Minutenrhythmus und wurde lediglich für die im Testablauf beschriebenen Messungen und die 1-minütige Betriebspause des Gerätes nach 10 Betriebsminuten unterbrochen.

Abb. 8 Kryotherapiegerät *Cryo5* der Firma Zimmer (Foto: http://www.saga.fi/late /pics/cryo5_04-2006.jpg).

V.3.1.2 Die Kühlweste

Bei der in dieser Untersuchung verwendeten Kühlweste handelte es sich um einen Prototypen der Firma Eppler, der bisher keine offizielle Produktbezeichnung besitzt.

In die Weste sind auf der körperzugewandten Seite 24 Kammern eingenäht, in denen jeweils eines der abgebildeten Kühlpads Platz fand. Im mittleren bis unteren Rückenbereich befinden sich keine Kammern, um die kälteempfindlichen Nieren von der direkten Kühlung auszusparen. Neben den Kammern direkt am Oberkörper verfügt die Weste weiterhin über einen Hohlkragen, der ebenfalls ein längliches Kühlpad zur Halskühlung aufnehmen kann.
Die mit einem Gel gefüllten Kühlpads besaßen nach mehrstündiger Lagerung bei -5°C eine mittlere Temperatur von -0,16 (±1,40)°C. Auf der Rückseite der Pads ist eine Kunststoffisolationsschicht angebracht, die beim Tragen der Weste die Wärmeaufnahme aus der Umgebung reduziert und in erster Linie Kühlung für den Körper des Sportlers gewährt. Im Verlauf der 20-minütigen Vorbereitungsphase stieg die Temperatur der Pads im Mittel um 19,09° auf 19,25 (±1,57)°C an.
Um den verschiedenen Oberkörpermaßen der Probanden Rechnung zu tragen, stand die Weste in verschiedenen Größen zur Verfügung. Die Probanden trugen die Weste direkt auf der Haut während über zusätzliche Kompressionsriemen ein optimaler Kontakt aller Kühlpads mit der Hautoberfläche hergestellt wurde.

Abb. 9 Kühlweste der Firma Eppler mit einem der zugehörigen Kühlpads (Foto: Eigene Aufnahme).

V.3.2 Das Fahrradergometer

In der in dieser Arbeit dargestellten Untersuchung wurden alle vier oben beschriebenen Tests auf dem *High Performance Ergometer* der Firma Schoberer Rad Meßtechnik durchgeführt.[4] Das

[4] Die in diesem Kapitel dargestellten technischen Daten entstammen den entsprechenden Datenblättern der Firma SRM zu ihren Produkten *SRM Ergometer, SRM Training System* und *SRMWin*, welche unter dem Link http://www.srm.de (Stand: 25.01.2007; 08:30) einzusehen sind.

gesamte Ergometersystem setzt sich aus drei Komponenten zusammen: Dem *SRM Ergometer*, dem *SRM Trainingssystem* und der *SRMWin* Software.

Das Ergometer bietet die Möglichkeit, sowohl die Lenkereinheit, als auch den Sattel horizontal und vertikal zu verstellen, wodurch es sehr präzise an die Körpermaße der Testpersonen und damit auch an die Maße des jeweils eigenen Rades angepasst werden kann. Um die Position auf der eigenen Renn- oder Trainingsmaschine noch besser simulieren zu können bestand die Möglichkeit, eigene Sättel und Pedale zu montieren. Der Widerstand wurde durch eine schwingungsfrei gelagerte und durch einen Zahnriemen getriebene Wirbelstrombremse geregelt, welche eine dauerhafte Bremsleistung von 2000 Watt erbringen könnte. Das relativ hohe Gewicht von 100 kg sorgte für ein nur minimales Aufschwingen des Ergometers bei hohen Leistungen und entsprechenden Kräften an Lenker und Tretlager.
Für eine Beschreibung der weiteren Ergometer-Bauteile sei auf das folgende Kapitel verwiesen.

Abb. 10 Schoberer Radmeßtechnik *High Performance Ergometer* (Foto: http:// www. srm.de Stand: 10.03.2007).

V.3.3 Die Messmethoden

V.3.3.1 Die Leistungsmessung

Die Messung der Leistung erfolgt beim SRM Ergometersystem durch das sogenannte *SRM Training System*, welches sich aus den Bauteilen *Powermeter* (Tretkurbel) und *Powercontrol*

(Radcomputer) zusammensetzt.[5] Das hier verwendete *SRM Profi Powermeter* besitzt eine Tretkurbellänge von 175 mm und verfügt über insgesamt 4 Dehnmessstreifen, welche die auf die Pedale ausgeübte Kraft an Hand der Tretkurbelverwringung messen. Um die Leistung bestimmen zu können, ermöglicht das *Powermeter* die Trittfrequenzmessung in einem Bereich von 20 bis 255 Umdrehungen pro Minute. Die Messungenauigkeit des Dehnmessstreifensystems und der Trittfrequenzmessung am *Profi Powermeter* beträgt ± 2%. Die am *Powermeter* ermittelten Daten werden an das hier verwendete *Powercontrol IV* gesendet, dessen Speicher diese aufnimmt und sie dem Probanden auf einem Display anzeigt.

Die am *Powermeter* ermittelten Daten werden jedoch nicht allein an das *Powercontrol* übermittelt, sondern auch über eine RS232 Schnittstelle an einen angeschlossenen Computer gesendet. Mit Hilfe der *SRMWin* Software (hier: Version 6.32.57) können somit zum Einen die eingehenden Daten ausgewertet und analysiert zum Anderen aber auch programmierte Testabläufe auf das Ergometer übertragen werden. Auf diese Weise wurden die oben beschriebenen Testabläufe vorprogrammiert und durch die Software selbständig ausgeführt.

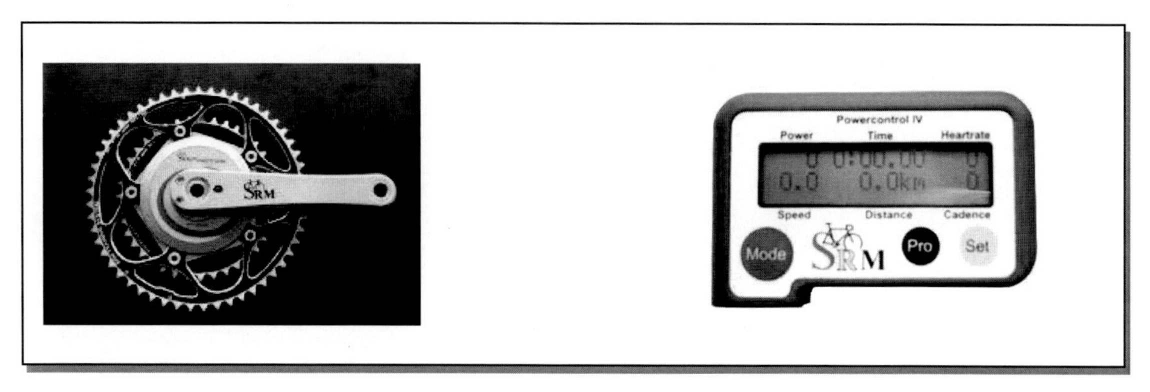

Abb. 11 Schoberer Radmeßtechnik *Powermeter* (*Profi*) und *Powercontrol IV* (Fotos: http://www.srm.de Stand: 10.03.2007).

[5] Die in diesem Kapitel dargestellten technischen Daten entstammen den entsprechenden Datenblättern der Firma SRM zu ihren Produkten *SRM Ergometer, SRM Training System* und *SRMWin*, welche unter dem Link http://www.srm.de (Stand: 25.01.2007; 08:30) einzusehen sind.

V.3.3.2 Die Körperkerntemperaturmessung

Als Maß für die Körperkerntemperatur wurde die Temperatur des Tympanums herangezogen, welche mit dem *Thermoscan Pro 3000* der Firma Braun gemessen wurde.[6]

Bei diesem Thermometer handelt es sich um ein Wärmestrahlungsmessgerät, dass die vom Trommelfell und dem umgebenden Gewebe emittierte Infrarotstrahlung misst. Das *Thermoscan Pro 3000* führt 8 Messungen pro Sekunde durch, zeigt davon den jeweils höchsten Wert als gemessene Temperatur an und verfügt im Messbereich von 35,5 bis 40,2°C bei einer Umgebungstemperatur zwischen +10 bis + 40°C über eine Messgenauigkeit von $\pm$ 0,2°C.

Zur Messung wird der Thermometermesskopf so weit wie möglich in den Gehörgang eingeführt. Um Messungenauigkeiten durch die belastungsbedingte Bewegung des Probanden und Schmerzen durch einen beispielsweise zu weit in den Gehörgang eingeführten Messkopf zu vermeiden, wurden die Testpersonen im Vorfeld mit der Benutzung des Thermometers vertraut gemacht und führten die Messung im Testverlauf selbständig durch.

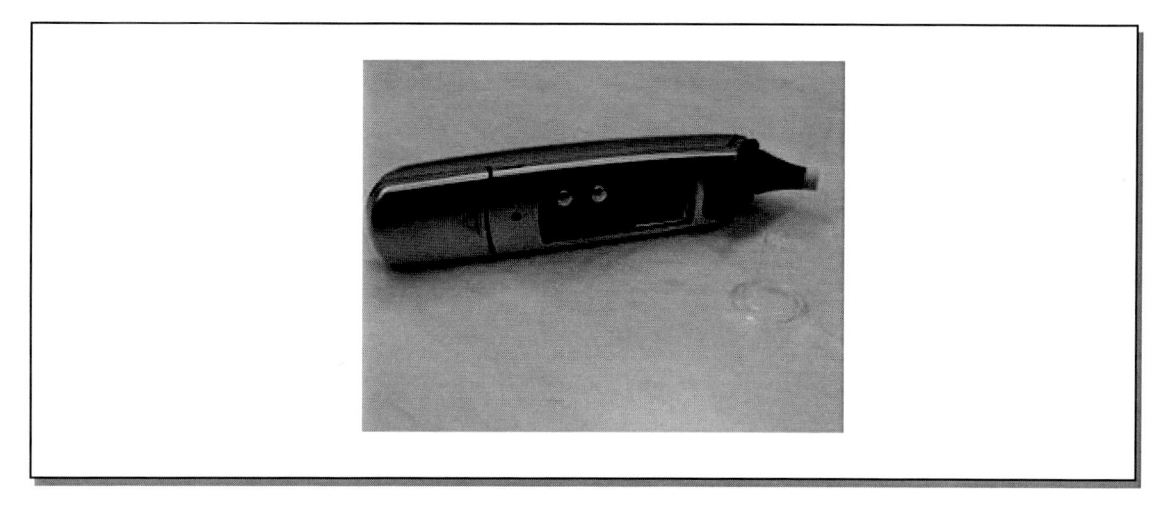

Abb. 12 Braun *Thermoscan Pro 3000* Ohrthermometer (Foto: Eigene Aufnahme).

[6] Die in diesem Kapitel dargestellten technischen Daten entstammen dem entsprechenden Datenblatt der Firma Braun zu ihrem Produkt *Thermoscan Pro 3000*, welches unter dem Link http://www.schoolhealth.com (Stand: 30.01.2007; 17:20) einzusehen ist.

V.3.3.3 Die Hauttemperaturmessung

Zur Messung der Hauttemperatur kamen das Thermometer *TFN 1093* der Firma Ebro sowie der Oberflächenmessfühler *EB 14-N* zum Einsatz.[7]

Das *TFN 1093* ist ein durch einen Mikroprozessor gesteuertes elektronisches Temperaturmessgerät, das auf Grund seines großen Messspektrums von -200 bis + 1200°C und der Kombination mit verschiedenen Messfühlern vielfältig einsetzbar ist. Bei einer Betriebstemperatur von -5 bis +50°C hat das Gerät eine Messungenauigkeit von ± 0,3%.
In dieser Untersuchung wurde das *TFN 1093* mit dem Oberflächenmessfühler EB 14-N kombiniert, dessen NiCr-Ni-Sonde direkt auf die Haut aufgesetzt wurde. Die Bestimmung der Hauttemperatur erfolgte hierdurch binnen 15-20 Sekunden.

Die Temperaturmessung erfolgte bei jeder Untersuchung in der Mitte des transversalen Teils des linken Trapezmuskels (Pars transversa m. trapezii), da dieser Bereich zu den Hautarealen des Körpers gehört, an denen während der Belastung unter Hitzebedingungen die höchsten Werte der Hauttemperatur ermittelt wurden (siehe Abb. 4).
Vor Beginn der Tests wurde ein Messpunkt in diesem Bereich mit einem wasserfesten Hautstift markiert. Da die Probanden während der Zeitfahrtests ein Radtrikot trugen, wurde dieses für den Messvorgang vorne geöffnet und im Nackenbereich heruntergezogen. Während des Einsatzes der Kühlweste wurde zur Messung ebenso verfahren.

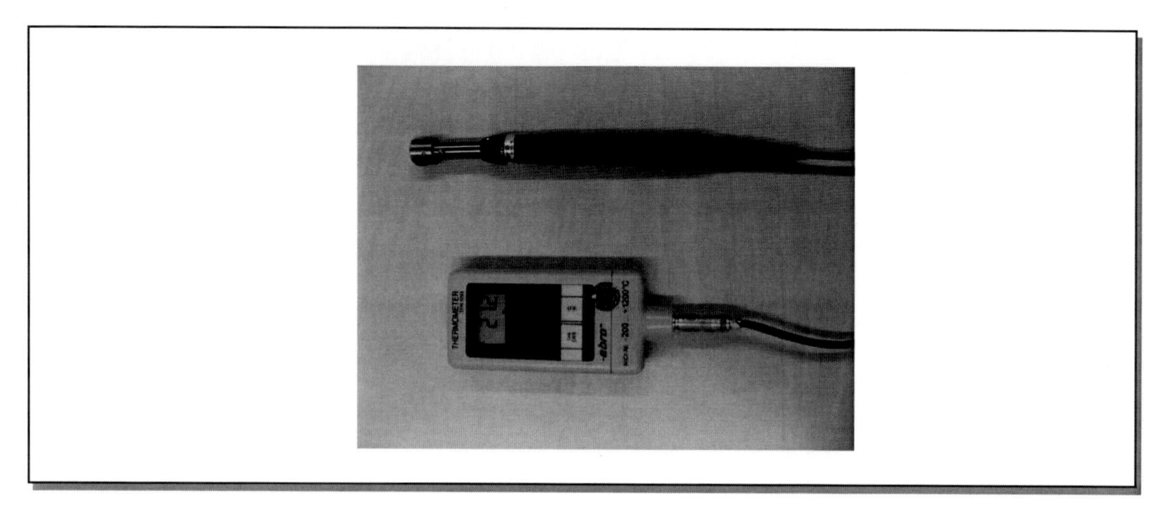

Abb. 13 Thermometer *TFN 1093* und Oberflächenmesssonde EB 14-N der Firma Ebro (Foto: Eigene Aufnahme).

[7] Die in diesem Kapitel dargestellten technischen Daten entstammen den entsprechenden Datenblättern der Firma Ebro zu ihren Produkten *TFN 1093* und *EB 14-N*, welche unter dem Link http://www.ebro.de (Stand: 26.01.2007; 12:30) einzusehen sind.

V.3.3.4 Die Herzfrequenzmessung

Die Messung und Auswertung der Herzfrequenz erfolgte über den *Polar S810* Herzfrequenzmonitor, den *Polar T61* Brustgurt, das *Polar IR Interface* (USB) und die *Polar Precision Performance Software.*[8]

Der *S810* Herzfrequenzmonitor empfängt die vom Brustgurt gemessenen und kodiert gesendeten Herzfrequenzdaten und zeigt diese an. In Abständen von 5 Sekunden wurde die Herzfrequenz intern gespeichert. Die parallele Aufzeichnung der Zeit seit Messbeginn ermöglicht die spätere Zuordnung der Herzfrequenzen zu bestimmten Zeitpunkten des Tests, zum Beispiel bei Laktat- oder Temperaturmesspunkten.
Der Brustgurt wurde vor der Messung mit Wasser angefeuchtet und auf Höhe der Brustbeinspitze, unterhalb der Brustwarzen, auf der Haut angelegt.

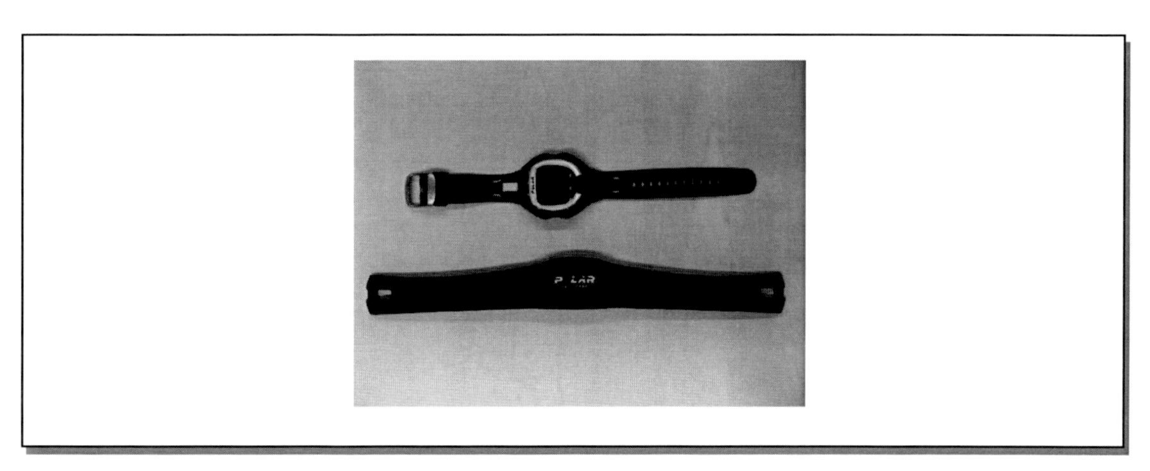

Abb. 14 *Polar S810* Herzfrequenzmonitor und *Polar T61* Brustgurt (Foto: Eigene Aufnahme).

Zur Auswertung wurden die gespeicherten Daten mit dem *Polar IR Interface* (USB) auf einen Computer übertragen, der mit der *Polar Precision Performance Software* ausgestattet war. Mit Hilfe dieser Software ist es möglich, sowohl die durchschnittliche Herzfrequenz innerhalb einer bestimmten Testphase, als auch einzelne Herzfrequenzwerte allen Testzeitpunkten und -phasen (auf 5 Sekunden genau) zuzuordnen.

[8] Die in diesem Kapitel dargestellten technischen Daten entstammen den entsprechenden Datenblättern der Firma Polar Deutschland zu ihren Produkten *Polar S810*, *Polar T61*, *Polar IR Interface* (USB) und *Polar Precision Performance Software*, welche unter dem Link http://www.polar-deutschland.de (Stand: 26.01.2007; 12:10) einzusehen sind.

V.3.3.5 Die Blutlaktatmessung

Die Bestimmung des Blulaktatwertes erfolgte mit Hilfe des *Accutrend Lactate* Analysegerätes der Firma Roche Diagnostics, den zugehörigen *BM-Lactate* Teststreifen und der *Ascensia Microlet* Stechhilfe der Firma Bayer, ausgestattet mit *Ascensia Microlet Lanzetten.*

Das *Accutrend Lactate*[9] ist in der Lage, eine auf den *BM-Lactate* Teststreifen aufgebrachte Kapillarblutprobe auf reflexionsphotometrischem Wege zu analysieren. Dieser Vorgang dauert 60 Sekunden und bietet somit ein hohes Maß an Praktikabilität, zumal die Blutprobe keiner weiteren Analyse-Präparation bedarf. Das temperaturbezogene Einsatzspektrum des Gerätes reicht von +5 bis +35°C (<8mmol/l) beziehungsweise von +15 bis +35°C (>8mmol/l). Darüber hinaus muss zusätzlich die relative Luftfeuchtigkeit unter 90% liegen und das Gerät sollte weder direkter Sonneneinstrahlung noch unmittelbar dem Licht einer starken Lampe ausgesetzt sein.

Die zur Analyse benötigte Kapillarblutprobe wurde unter Einsatz der *Ascensia Microlet* Stechhilfe der Firma Bayer aus der Fingerbeere entnommen. Die voreingestellte Länge der Lanzette beträgt bei diesem Gerät 3,5 mm. Durch Veränderung des Druckes auf die Einstichstelle konnte die Einstichtiefe jedoch in Abhängigkeit von der Haut- und Fingerdicke des Probanden variiert werden. Aus technischen Gründen kam in dieser Untersuchung nur eine Analyse von Kapillarblut in Betracht. Die beiden hierfür typischen Entnahmeorte sind die Fingerbeere und das Ohrläppchen. Da Bourdon (2000, S. 56) feststellen konnte, dass die Unterschiede in den Blutlaktatwerten an beiden Messorten zu vernachlässigen sind, fiel die Entscheidung in dieser Untersuchung aus Gründen der Praktikabilität für die Fingerbeere. Die Einstichstelle wurde zuvor zweifach mit *Kodan forte Tinktur* von Schweiß gereinigt, desinfiziert und mit einer Mikrokompresse getrocknet, um die Testperson vor einer Infektion zu schützen und einer Vermischung von Blutprobe und Schweiß oder Desinfektionsmittel vorzubeugen. Während des gesamten Entnahmevorganges konnten die Teilnehmer die Ergometerarbeit fortsetzen, da die Oberkörperbewegung keinen Einfluss auf die ruhig am Lenker aufliegenden Hände und damit die Fingerbeeren hatte.

[9] Die technischen Daten des *Accutrend Lactate* entstammen dem entsprechenden Datenblatt der Firma Roche Diagnostics, welche unter dem Link: http://www.diavant.at (Stand: 26.01.2007; 11:30) einzusehen sind.

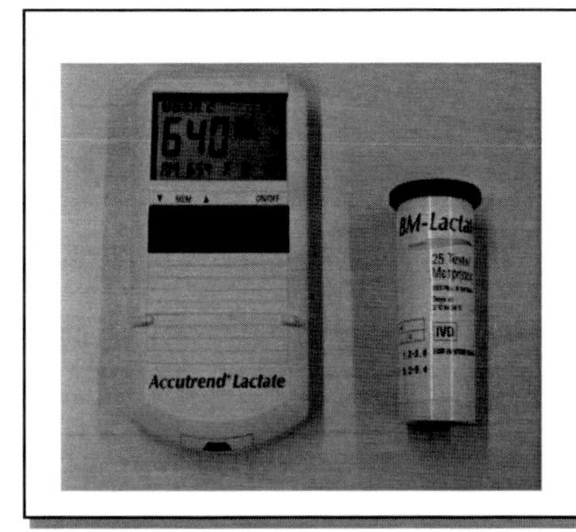

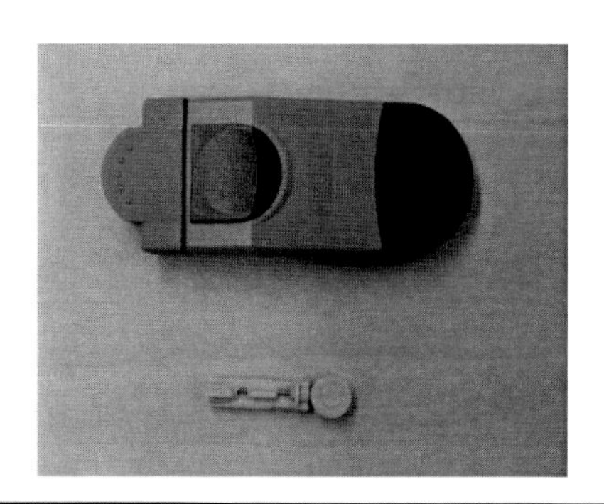

Abb. 15 *Accutrend Lactate* mit *BM Lactate* Teststreifen (Roche Diagnostics) und *Ascensia Microlet* (Bayer) Stechhilfe (Foto: Eigene Aufnahme).

V.3.3.6 Die Körperfettmessung

Die Messung des relativen Körperfettanteils erfolgte mittels des Körperfettanalysegerätes *Futrex 6100/XL* der Firma VicMedic Systems.[10]

Das Gerät ermittelt die Zusammensetzung des Körpers bezogen auf Fettmasse und fettfreie Masse mit Hilfe der sogenannten Nah-Infrarot-Technologie. Hierbei wird eine Nah-Infrarot-Spektroskopie am Bizeps durchgeführt, welche auf Grund des unterschiedlichen Absorptionsverhaltens von Fettmasse und fettfreier Masse das Verhältnis dieser beiden Größen zueinander liefert. Nach Herstellerangaben ist die Zusammensetzung des Bizepses ausreichend repräsentativ für den gesamten Körper, so dass das Gerät aus den Ergebnissen der hier durchgeführten Spektroskopie den relativen Gesamtkörperfettanteil errechnen kann. Die Messgenauigkeit entspricht nach Angaben des Herstellers der der Unterwasser-Densimetrie und ist, wie diese, unabhängig von der Nahrungsaufnahme und dem aktuellen Gesamtwasserhaushalt des Organismus, wie dies bei bioelektrischen Impedanzanalysen der Fall ist.

Die Messungen wurden einmalig vor Beginn des Eingangsstufentests durchgeführt. Die Probanden saßen dabei auf einem Stuhl und hatten ihren „starken" Arm (bei Rechtshändern: rechts) locker auf der Schulter des Testleiters abgelegt. Der durch eine Manschette vor Lichteinfall geschützte Messkopf wurde nun auf die Innenseite des Bizepses aufgesetzt und die Messung gestartet.

[10] Die technischen Daten des *Futrex 6100/XL* entstammen dem entsprechenden Datenblatt der Firma VicMedic Systems, welche unter dem Link: http://www.vicmedic.de (Stand: 26.01.2007; 11:45) einzusehen sind.

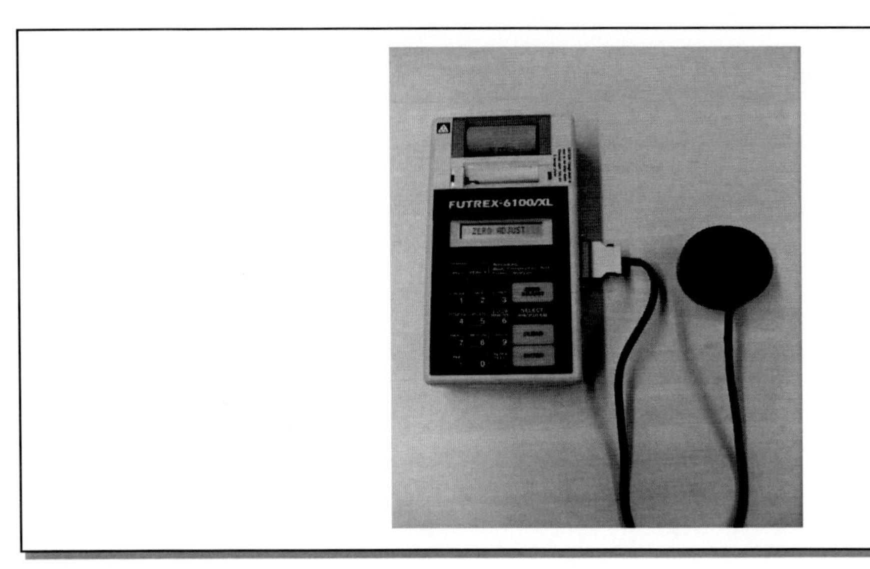

Abb. 16 *Futrex 6100/XL* (VicMedic Systems) Körperfettanalysegerät (Foto: Eigene Aufnahme).

V.4 Statistische Auswertung

Die statistische Auswertung wurde mit Hilfe des Programms *SPSS für Windows* (Version 11.5.1) durchgeführt und erfolgte grundsätzlich in drei Schritten. Am Anfang stand die Überprüfung der ermittelten Daten auf Eingabefehler und Normalverteilung. Daran schlossen sich die deskriptive und analytische Auswertung der Daten an.

V.4.1 Die Überprüfung der Daten

Die Eingabe ermittelter Werte in den Daten-Editor ist grundsätzlich fehleranfällig. Um die Wahrscheinlichkeit des Auftretens von Eingabefehlern so gering wie möglich zu halten, wurden die Daten unmittelbar am Ende eines Testtages, also in einer geringen Datenmenge, direkt in eine Excel Maske übertragen und später zur Analyse, per copy and paste, in den Daten-Editor eingefügt. Darüber hinaus wurden Häufigkeitsanalysen durchgeführt, deren Darstellung im SPSS Viewer einen guten Überblick über die eingegebenen Werte gibt, und somit sachlogisch unmögliche Werte leicht erkennbar sind (Bühl und Zöfel 2002, S. 215).

Zur Überprüfung der intervallskalierten Variablen auf Normalverteilung wurde der Kolmogorov-Smirnov-Test durchgeführt. Das Vorliegen einer Normalverteilung ist Vorraussetzung der in dieser Untersuchung durchgeführten analytischen Verfahren und steht damit am Anfang der statistischen Auswertung der Untersuchungsergebnisse. Eine Normalverteilung entspricht in graphischer Darstellung einer Gaußschen Glockenkurve. Sie liegt vor, wenn sich die meisten Werte um den Mittelwert gruppieren und die Häufigkeiten nach beiden Seiten hin gleichmäßig abfallen (Bühl und Zöfel 2002, S. 108). Eine im Kolmogorov-Smirnov-Test ermittelte Irrtumswahrscheinlichkeit bezüglich einer Abweichung von der Normalverteilung von $p > 0.05$ wurde als hinreichend für die Annahme einer vorliegenden Normalverteilung festgelegt.

V.4.2 Die deskriptive Statistik

Im Rahmen der deskriptiven Statistik wurden neben den Minima und Maxima der beschriebenen Variablen der jeweilige Mittelwert und die zugehörige Standardabweichung berechnet. Bei der Angabe von Mittelwerten ist die entsprechende Standardabweichung von besonderem Interesse, da sie angibt, in welchem Streuungsbereich um den Mittelwert herum die gemessenen Werte liegen. Je größer die Standardabweichung ist, desto weniger aussagekräftig wäre der entsprechende Mittelwert. Nach einer Faustregel Bühl und Zöfels (2002, S. 118) liegen im einfachen Bereich der Standardabweichung etwa 67% der Werte, im doppelten Bereich der Standardabweichung etwa 95% und im dreifachen Bereich etwa 99% aller Werte.

V.4.3 Die analytische Statistik

In der vorliegenden Untersuchung kamen in erster Linie Mittelwertvergleiche sowie Korrelations- und Regressionsanalysen zum Einsatz. Aus der Gruppe der Mittelwertvergleiche wurden die einfaktorielle Varianzanalyse mit Messwiederholung und der gepaarte t-Test durchgeführt. Zur Feststellung von Zusammenhängen wurde die Produkt-Moment Korrelation nach Pearson ermittelt und zur präziseren Feststellung der Art solcher Zusammenhänge wurden einfache und multiple, lineare Regressionsanalysen vorgenommen.

Auf Grund der drei unterschiedlichen Testbedingungen dieser Studie musste ein Vergleich der Mittelwerte drei, voneinander abhängige Stichproben einbeziehen. Hierzu wurde die einfaktorielle Varianzanalyse mit Messwiederholung nach dem allgemeinen linearen Modell eingesetzt, um herauszufinden, ob sich die Innersubjektivvariablen aus den einzelnen Bedingungen unterscheiden und welches Signifikanzniveau hierbei vorliegt. Da die verwendete Software Version 11.5.1 nicht in der Lage ist, im gegebenenfalls vorliegenden Signifikanzfalle einen A-posteriori-Test durchzuführen, der Aufschluss darüber gäbe, welche der drei Innersubjektivvariablen sich voneinander unterscheiden, wurden im Anschluss an die Varianzanalyse t-Tests für die drei möglichen Paare der insgesamt drei abhängigen Stichproben ausgeführt.

Die Untersuchung der Zusammenhänge zwischen einzelnen Variablen innerhalb der drei Testbedingungen war in dieser Studie von besonderer Bedeutung, da es auf diese Art möglich ist, festzustellen, ob die Manipulation einer bestimmten Variable, zum Beispiel der Hauttemperatur durch die Kühlmaßnahmen, Einfluss auf weitere Variablen hat. Zu diesem Zweck wurde dort, wo ein Zusammenhang vermutet wurde, der Korrelationskoeffizient nach Pearson berechnet, der die Stärke des Zusammenhangs angibt. Korrelationskoeffizienten liegen in einem Bereich von -1 bis +1, wobei Werte, die sich der 0 annähern, geringe Korrelationen anzeigen. Ein negatives Vorzeichen bedeutet eine Umkehr der Korrelation, so dass der eine Wert umso kleiner wird, je größer der andere ist. Graphisch lassen sich Korrelationen als Streudiagramm darstellen, wie dies in Abbildung 17 mit dem Zusammenhang zwischen der Hauttemperatur und der Herzfrequenz zu Beginn des Zeitfahrtests, in der Kontrollbedingung, beispielhaft dargestellt ist.

Die eingezeichnete Gerade ist das graphische Resultat einer einfachen linearen Regressionsanalyse. Mit Hilfe dieses Verfahrens ist es möglich, die Art eines in der Korrelationsanalyse ermittelten Zusammenhanges präziser zu beschreiben. Da die die Regressionsgerade beschreibende Gleichung der einer linearen Funktion entspricht:

$$y = bx + a$$

und die Parameter b und a als Ergebnis der Regressionsanalyse abgeschätzt werden (Bühl und Zöfel 2002, S. 330), ist es nun möglich, aus den Werten einer Variable eine Vorhersage der jeweils anderen zu treffen. Die Zuverlässigkeit sowohl des Regressionskoeffizienten (im Beispiel: „b“) als auch der Regressionskonstanten (im Beispiel: „a“) wird in Form einer zweiseitigen Signifikanz angegeben, wie dies auch bei den Mittelwertvergleichen der Fall ist.
Die multiple lineare Regressionsanalyse wurde eingesetzt, um die „Wichtigkeit“ (Bühl und Zöfel 2002, S. 344) bestimmter unabhängiger Variablen für die abhängige Variable zu bestimmen. Es wurden hier also in erster Linie die standardisierten Beta-Koeffizienten betrachtet, deren Größe den Grad der Bedeutung der zugehörigen Variable beschreibt.

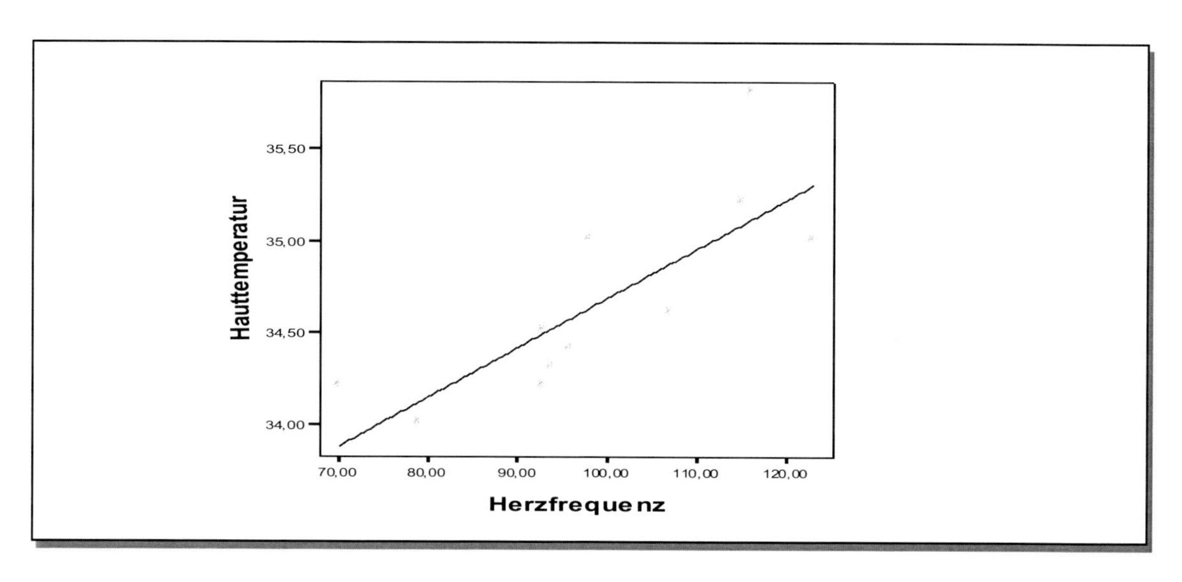

Abb. 17 **Beispiel:** Streudiagramm der Korrelation (0,795; $p \leq 0{,}003$) zwischen der Herzfrequenz und der Hauttemperatur zu Beginn des Zeitfahrtests unter Kontrollbedingungen.

VI. Ergebnisse und Diskussion

Das vorliegende Kapitel gliedert sich in drei Teile. Im ersten Teil erfolgt eine deskriptive Ergebnisdarstellung, in der die Resultate der einzelnen Tests vorgestellt und deren Mittelwerte über einfaktorielle Varianzanalysen und gepaarte t-Tests miteinander verglichen werden.

Im zweiten Teil werden die Zusammenhänge dieser Ergebnisse untereinander und in Bezug auf die ermittelten biometrischen Parameter untersucht. Es kommen hier die Produkt-Moment Korrelation nach Pearson und die einfache und multiple lineare Regressionsanalyse zum Einsatz.

Im dritten Teil werden die Ergebnisse der ersten beiden Teile zusammenfassend aufgenommen, interpretiert und im Vergleich zu den Ergebnissen anderer Untersuchungen diskutiert.

Da der Eingangsstufentest in erster Linie der Ermittlung der individuellen maximalen Leistungsfähigkeit diente und somit keinen direkten Beitrag zur Lösung der Problemstellung bietet, wird an dieser Stelle nur kurz auf die für die Zeitfahrtests relevanten Ergebnisse dieses Tests einzugehen sein.

Eine gesonderte Aufgliederung der Ergebnisse nach den beiden Teilstichproben erfolgt ausschließlich bei der Analyse des Eingangsstufentests, da die Untersuchung möglicher Unterschiede im Leistungsverhalten beider Gruppen lediglich einen sekundären Beitrag zur Lösung der Problemstellung leisten könnte.

VI.1 Deskriptive Ergebnisdarstellung

VI.1.1 Eingangsstufentest

Die Testpersonen dieser Untersuchung erreichten im oben beschriebenen Eingangsstufentest W_{max}-Werte von 250 bis 400 Watt. Dies entspricht einer mittleren maximalen Ausdauerleistungsfähigkeit von 304,55 Watt. Umgerechnet auf das jeweilige Körpergewicht der Sportler ergibt sich im Mittel eine relative W_{max} von 4,18 Watt.

Die Abbruchherzfrequenz lag im Schnitt bei 191,64 Schlägen pro Minute (bpm). Unter Berücksichtigung der Herzfrequenz (HF) zu Beginn der Belastung (HF Start) ergibt sich daraus ein mittlerer Herzfrequenzanstieg von 109,45 bpm.

Die Blutlaktatwerte (BL) innerhalb der ersten 60 Sekunden nach Abbruch der Belastung variierten von einem Minimum bei 7,5 bis zu einem Maximalwert von 15,3 mmol/l. Die Probanden brachen den Test bei einer durchschnittlichen Laktatkonzentration im Kapillarblut von 10,85 mmol/l ab.

Die Körperkerntemperatur (KKT) stieg vom Beginn des Tests bis zum Abbruch um 1,93°C. Bei einer durchschnittlichen Starttemperatur von 37,32°C bedeutet dies eine Abbruchtemperatur von 39,25°C.

	N	Minimum	Maximum	Mittelwert	Standardabweichung
W_{max} (in Watt)	11	250	400	304,55	52,22
Relative W_{max} (in Watt/kg)	11	3,13	5,07	4,18	0,55
HF Abbruch (in bpm)	11	176	212	191,64	11,45
HF Start (in bpm)	11	62	95	82,18	9,11
ΔHF (in bpm)	11	88	130	109,45	13,29
BL Abbruch (in mmol/l)	11	7,5	15,3	10,85	2,40
KKT Abbruch (in °C)	11	38,3	40,4	39,25	0,53
KKT Start (in °C)	11	36,8	37,8	37,32	0,37
Δ KKT (in °C)	11	1,1	2,8	1,93	0,48

Tab. 9 Minima, Maxima, Mittelwerte und Standardabweichungen der im Eingangsstufentest ermittelten Parameter.

Da sich die Gesamtstichprobe (n = 11), wie in Kapitel VI.1 - Probanden beschrieben, aus Sportstudenten (n = 6) und Amateuren (n = 5) zusammensetzt, sollen die oben dargestellten Ergebnisse auf gruppenbezogene Unterschiede hin untersucht werden. Ein Vergleich der Variablen beider Gruppen miteinander ergibt in Hinsicht auf die relative W_{max} signifikant höhere Werte ($p \leq 0,003$) bei den Amateuren. Bei den Parametern Körperkerntemperatur, Blutlaktat und Herzfrequenz finden sich keine signifikanten Unterschiede. Die mittleren relativen W_{max}-Werte der Amateure und Studenten sind in Abbildung 18 graphisch gegenübergestellt.

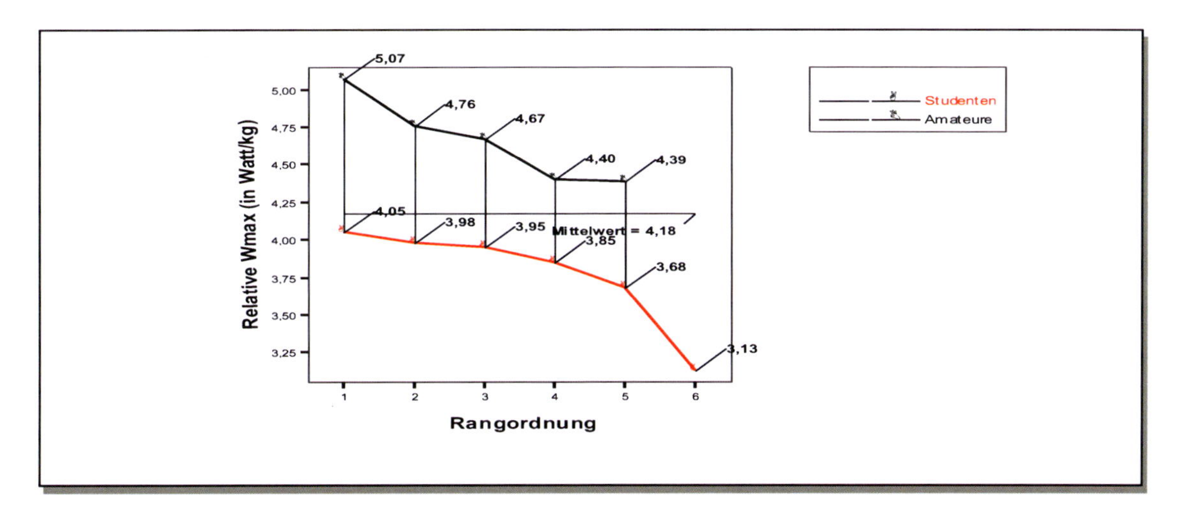

Abb. 18 Vergleich der individuellen relativen W_{max} im Eingangsstufentest, getrennt nach Amateuren und Studenten.

Zusammenfassend ist festzustellen, dass die Gesamtstichprobe ein hohes Maß an Homogenität in Bezug auf Körperkerntemperatur-, Blutlaktat- und Herzfrequenzentwicklung während des Tests aufweist. Dieser Befund wird durch die geringen Standardabweichungen der ermittelten Parameter intersubjektiv und auch zwischen den Gruppen (Studenten/Amateure) bestätigt. Allein die relative maximale Ausdauerleistungsfähigkeit unterscheidet sich zwischen Amateuren und Studenten hoch signifikant ($p \leq 0,003$).

VI.1.2 Zeitfahrtests

VI.1.2.1 Veränderung der Leistung

Da es sich bei den vorliegenden Zeitfahruntersuchungen um Ausbelastungstests handelt, kann die Zeit, über die hinweg der Proband eine Leistung von 90% seiner individuellen W_{max} aufrechterhalten kann, also die Dauer bis zum PVF (Point of Volitional Fatigue), als Maß für die Leistung herangezogen werden.

Unter Kontrollbedingungen (CONTROL) beläuft sich diese Zeit unter den 11 Testteilnehmern im Mittel auf 14,35 Minuten. Nach Westen- und Cryokühlung verlängert sich die Zeit bis zum PVF im Durchschnitt um 2,33 beziehungsweise 3,62 Minuten auf 16,68 Minuten (WESTE) und 17,97 Minuten (CRYO5). Dies entspricht, im Vergleich zu CONTROL, einer Leistungsverbesserung bei WESTE von 16,28 und bei CRYO5 von 25,20%.

	N	Minimum (in s)	Maximum (in s)	Mittelwert (in s)	Standardabweichung (in s)
CONTROL	11	455	1495	861,18	303,19
CRYO5	11	600	2100	1078,18	414,76
WESTE	11	540	1980	1001,36	381,38

Tab. 10 Minima, Maxima, Mittelwerte und Standardabweichungen der Leistung (Zeit bis zum Erreichen des PVF).

Untersucht man die Unterschiede zwischen den einzelnen Testbedingungen mit Hilfe einer einfaktoriellen Varianzanalyse mit Messwiederholungen, so ergibt sich eine Irrtumswahrscheinlichkeit von $p \leq 0,001$. Da die SPSS Version 11.5.1 nicht in der Lage ist, im vorliegenden Signifikanzfalle einen A-Posteriori-Test durchzuführen, der Aufschluss darüber gäbe, welche Bedingungen sich im Einzelnen signifikant voneinander unterscheiden, wurde ein t-Test bei den jeweils gepaarten Stichproben durchgeführt. Dieser ergab für den Anstieg der Leistung unter CRYO5 und WESTE, im Vergleich zu CONTROL, Signifikanzniveaus von $p \leq 0,004$ und 0,005 (siehe Abb. 19).

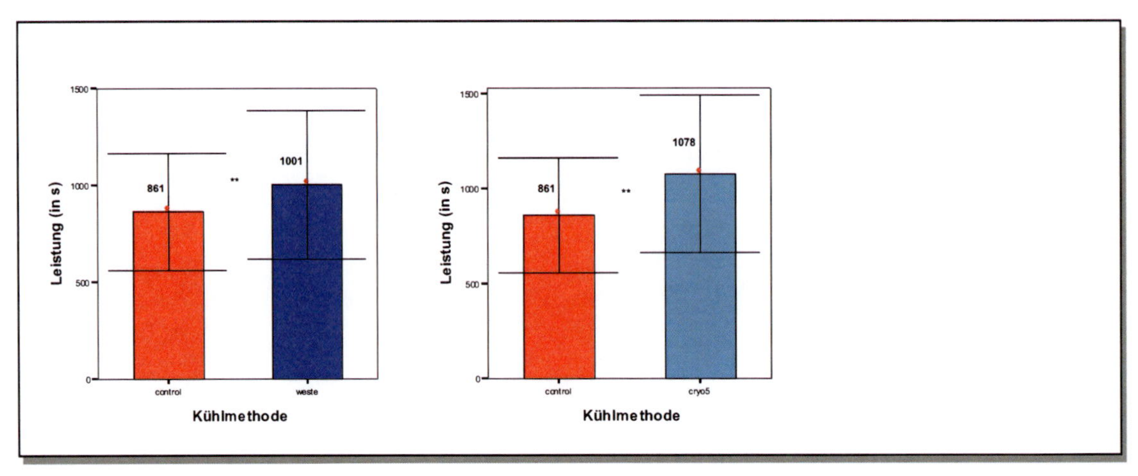

Abb. 19 Mittlere Leistung im Zeitfahrtest (Vergleich WESTE und CRYO5-Kühlung mit CONTROL) mit Darstellung der Standardabweichungen vom Mittelwert.

Die nach Cryokühlung im Vergleich zur Westenkühlung im Mittel um 8,92% größere Leistung ist auf dem Niveau von $p \leq 0,116$ nicht signifikant (siehe Abb. 20).

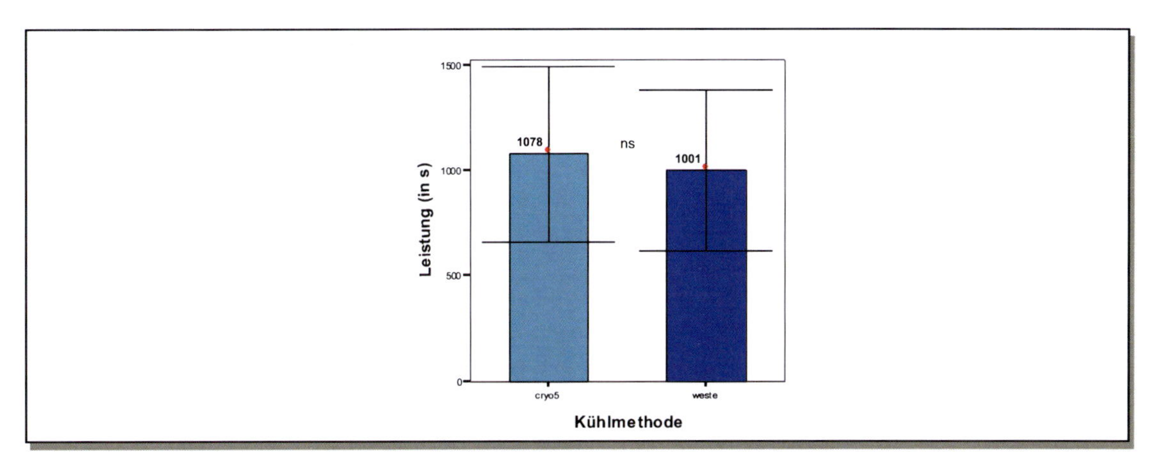

Abb. 20 Mittlere Leistung im Zeitfahrtest (Vergleich WESTE und CRYO5) mit Darstellung der Standardabweichungen.

Teilzusammenfassung - Leistung:

	Leistung (in s)
CONTROL	861,18
CRYO5	**+25,20% (p ≤ 0,004)**
WESTE	**+16,28% (p ≤ 0,005)**
CRYO5 – WESTE	+8,92% (n.s.)

Tab. 11 Teilzusammenfassung Leistung. Die Prozentangaben beziehen sich zunächst auf den jeweiligen Kontrollwert (CONTROL) und im letzten Falle auf die Differenz zwischen den Kühlmaßnahmen.

VI.1.2.2 Veränderung der Hauttemperatur

Wie auch bereits bei der Untersuchung der Körperkerntemperatur geschehen, wird die Darstellung der Hauttemperatur zweigeteilt nach Vorbereitungsphase und Zeitfahrtest erfolgen.

In Minute 0-15 der Vorbereitungsphase steigt die Hauttemperatur unter Kontrollbedingungen um mittlere 0,09°C. In beiden Kühltests fällt hingegen die Hauttemperatur in diesem Zeitraum um 4,80 (CRYO5) und 2,16°C (WESTE). Die Hauttemperatur nimmt in CRYO5 signifikant stärker ab ($p \leq 0{,}013$), als in WESTE.

In der Ruhephase (Min. 15-20) sinkt die Hauttemperatur im Mittel sowohl unter Kontrollbedingungen (-0,41°C), als auch in WESTE (-1,79°C), wohingegen es in der Ruhephase in CRYO5 zu einem Anstieg der Hauttemperatur kommt (+0,43°C). Die Abnahme der Hauttemperatur in WESTE ist, verglichen mit CONTROL, signifikant größer ($p \leq 0,013$).

	N	Minimum (in °C)	Maximum (in °C)	Mittelwert (in °C)	Standardabweichung (in °C)
ΔCONTROL (Min. 0-15)	11	-0,8	1,3	0,09	0,65
ΔCRYO5 (Min. 0-15)	11	-7,6	-1,3	-4,80	1,77
ΔWESTE (Min. 0-15)	11	-4,9	1,1	-2,16	1,68
ΔCONTROL (Min. 15-20)	11	-0,9	0	-0,41	0,33
ΔCRYO5 (Min. 15-20)	11	-5	2,5	0,43	1,93
ΔWESTE (Min. 15-20)	11	-4,7	0,6	-1,79	1,62

Tab. 12 Minima, Maxima, Mittelwerte und Standardabweichungen der Hauttemperaturveränderung von Minute 0 bis 15 und 15 bis 20 in der Vorbereitungsphase.

Die mittlere Hauttemperatur von Minute 0-15 liegt in CONTROL bei 34,99, in CRYO5 bei 31,61 und in WESTE bei 32,46°C. Dieser Temperaturunterschied zwischen dem Kontroll- und den Kühltests ist auf dem Niveau von $p \leq 0,000$ höchst signifikant. Die durchschnittliche Hauttemperatur ist zwar in CRYO5 niedriger als in WESTE, dieser Unterschied ist jedoch nicht signifikant. In der Ruhephase liegt die durchschnittliche Hauttemperatur in CONTROL (34,87°C) ebenfalls über denen in CRYO5 (30,12°C) und WESTE (31,16°C). Wie bereits im aktiven Teil der Vorbereitungsphase liegt die mittlere Hauttemperatur im passiven Teil in den Kühltests höchst signifikant ($p \leq 0,000$) niedriger als in CONTROL. Obwohl auch in diesem Intervall die Temperaturwerte in CRYO5 erneut unterhalb derer in WESTE liegen, besteht hier keine Signifikanz.

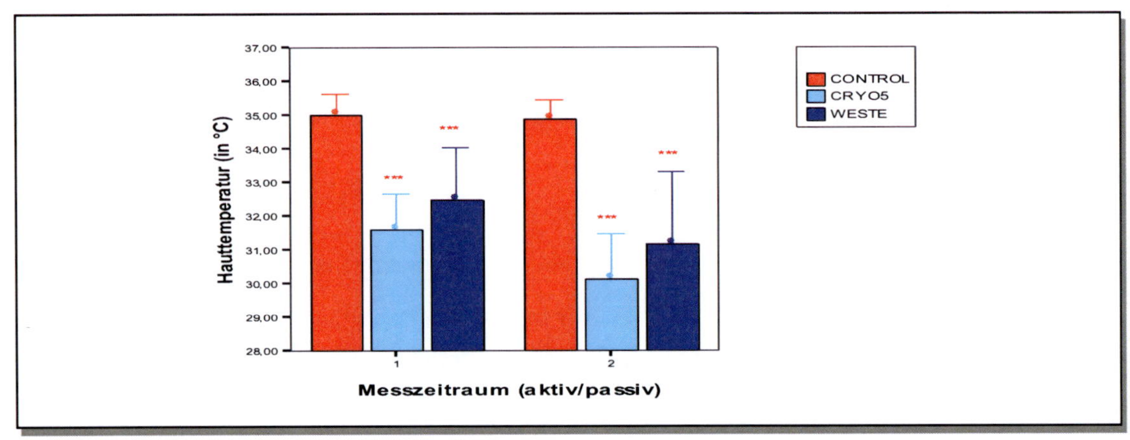

Abb. 21 Mittlere Hauttemperaturwerte und Standardabweichungen in den drei Testbedingungen im aktiven (1) und passiven (2) Teil der Vorbereitungsphase.

Betrachtet man die mittlere Hauttemperatur aller Probanden zu den verschiedenen Messzeitpunkten (siehe Abb. 22), so zeigt sich, dass die Hauttemperaturen zum Zeitpunkt 0, also vor Beginn der Kühlmaßnahme, relativ dicht beisammen liegen. Allerdings ist die Temperatur in WESTE signifikant niedriger ($p \leq 0{,}001$) als in CONTROL. Mit Beginn der aktiven Vorbereitungsphase auf dem Ergometer fällt die Hauttemperatur in CRYO5 und WESTE auf Werte von 30,1 (CRYO5) und 31,15°C (WESTE) stark ab, während die Temperatur in CONTROL zunächst konstant bleibt. In Minute 10 ist die Hauttemperatur in den Kühltests höchst signifikant niedriger als in CONTROL. Die Werte in CRYO5 und WESTE unterscheiden sich nicht signifikant. Mit Fortgang der Belastung kommt es in CONTROL zu einem leichten Temperaturanstieg (+ 0,09°C) bis Minute 15. Auch in WESTE erfolgt hier ein Anstieg, der jedoch mit +0,89°C deutlich ausgeprägter ist. Die Temperatur in CRYO5 hingegen fällt auch in diesem Zeitraum noch um weitere 0,26°C. Aufgrund dieses Verlaufes sind die Temperaturunterschiede in Minute 15 nicht mehr allein zwischen dem Kontroll- und den Kühltests signifikant ($p \leq 0{,}000$), sondern auch zwischen den Werten in CRYO5 und WESTE ($p \leq 0{,}022$). Während in der Ruhephase, nach dem Ende der aktiven Vorbereitung, die Hauttemperatur unter den Bedingungen von CONTROL und WESTE wieder sinkt, kommt es in CRYO5 zu einem Anstieg der Temperatur. In Minute 20, also am Ende der Vorbereitungsphase und zu Beginn des Zeitfahrtests, liegen die Hauttemperaturwerte in CRYO5 (30,35°C) und WESTE (30,25°C) erneut dicht beisammen, jedoch höchst signifikant ($p \leq 0{,}000$) niedriger als in CONTROL (34,65°C).

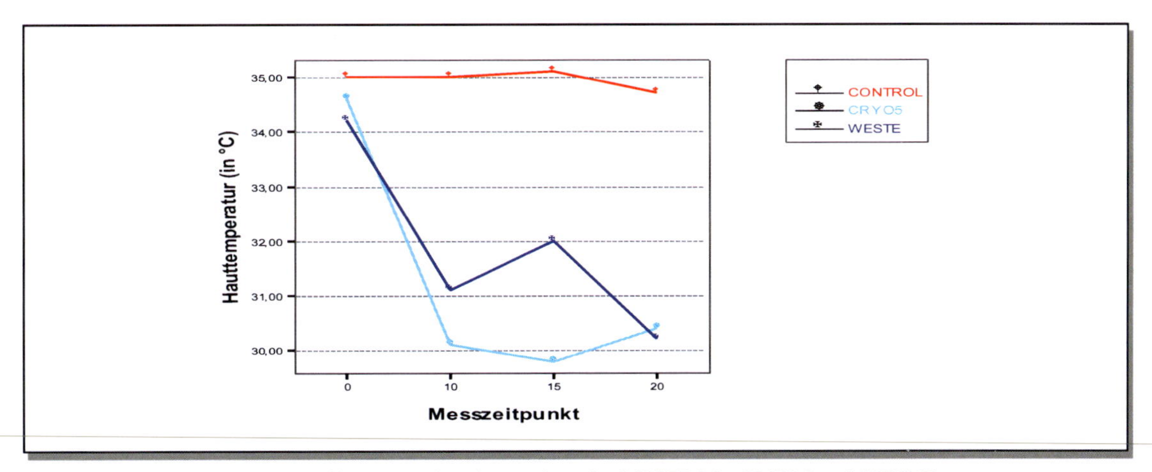

Abb. 22 Hauttemperaturverlauf in der Vorbereitungsphase in CONTROL, CRYO5 und WESTE.

Teilzusammenfassung – Hauttemperatur in der Vorbereitungsphase:

	Δ HT aktiv (in °C)	Δ HT passiv (in °C)	MW HT aktiv (in °C)	MW HT passiv (in °C)	MW HT Min. 15 (in °C)	MW HT Min. 20 (in °C)
CONTROL	+0,09	-0,41	34,99	34,87	35,06	34,65
CRYO5	**-5433,33% (p ≤ 0,000)**	**+204,88% (n.s.)**	**-9,66% (p ≤ 0,000)**	**-13,62% (p ≤ 0,000)**	**-14,89% (p ≤ 0,000)**	**-12,41% (p ≤ 0,000)**
WESTE	**-2500,00% (p ≤ 0,001)**	**-336,59% (p ≤ 0,013)**	**-7,23% (p ≤ 0,000)**	**-10,64% (p ≤ 0,000)**	**-8,61% (p ≤ 0,000)**	**-12,70% (p ≤ 0,000)**
CRYO5 - WESTE	**-2933,33% (p ≤ 0,013)**	**+541,47% (p ≤ 0,023)**	-2,43% (n.s.)	-2,98% (n.s.)	**-6,28% (p ≤ 0,022)**	+0,29% (n.s.)

Tab. 13 Teilzusammenfassung Hauttemperatur im aktiven und passiven Teil der Vorbereitungsphase. Die Prozentangaben beziehen sich zunächst auf den jeweiligen Kontrollwert (CONTROL) und im letzten Falle auf die Differenz zwischen de Kühlmaßnahmen. MW – Mittelwert; HT – Hauttemperatur.

Ausgehend von den geringen Hauttemperaturwerten am Ende der Vorbereitungsphase in beiden Kühlbedingungen liegt die Temperaturveränderung im Zeitfahrtest bis zum PVF in CONTROL bei 2,10, in CRYO5 bei 5,35 und in WESTE bei 5,07°C. Die Unterschiede im Anstiegsverhalten bis zum PVF sind zwischen CONTROL und CRYO5 höchst ($p \leq 0{,}000$) und zwischen CONTROL und WESTE hoch signifikant ($p \leq 0{,}003$). CRYO5 und WESTE unterscheiden sich nicht signifikant. Vergleicht man den Hauttemperaturanstieg vom Start des Zeitfahrens bis zum Abbruchzeitpunkt des Tests mit der geringsten Leistung (PVF_m), so liegt CRYO5 auch hier höchst signifikant ($p \leq 0{,}000$) über CONTROL, jedoch nicht signifikant über WESTE. In WESTE selbst jedoch liegen die Werte hier ebenfalls hoch signifikant ($p \leq 0{,}005$) über denen aus CONTROL. In den übrigen Intervallen (siehe Tab. 13) liegen ausschließlich zwischen CRYO5 und CONTROL signifikante Unterschiede vor (bis Min. 2,5 $p \leq 0{,}002$ und Min. 2,5-5 $p \leq 0{,}001$).

	N	Minimum (in °C)	Maximum (in °C)	Mittelwert (in °C)	Standardabweichung (in °C)
ΔCONTROL (Start-PVF)	11	0,6	3	2,10	0,72
ΔCRYO5 (Start-PVF)	11	3,3	8,6	5,35	1,53
ΔWESTE (Start-PVF)	11	0,4	9,7	5,07	3,00
ΔCONTROL (Start-Min. 2,5)	11	-0,3	1,2	0,52	0,45
ΔCRYO5 (Start-Min. 2,5)	11	0,1	4,3	1,97	1,16
ΔWESTE (Start-Min. 2,5)	11	-1,5	5,2	1,55	2,14
ΔCONTROL (Min. 2,5-5)	11	0,1	2,1	0,79	0,55
ΔCRYO5 (Min. 2,5-5)	11	0,5	2,5	1,60	0,59
ΔWESTE (Min. 2,5-5)	11	-0,1	4,1	1,52	1,38
ΔCONTROL (Start-PVF_m)	11	0,6	3	2,10	0,72
ΔCRYO5 (Start-PVF_m)	11	3,2	8	5,18	1,61
ΔWESTE (Start-PVF_m)	11	-0,1	9,6	4,81	2,88

Tab. 14 Minima, Maxima, Mittelwerte und Standardabweichungen der Hauttemperaturveränderung im Zeitfahrtest zwischen Start und PFV; Start und Min. 2,5; Min. 2,5 und Min. 5; Start und PVF_m.

Die durchschnittliche Hauttemperatur über den gesamten Verlauf des Zeitfahrtests hinweg beträgt in CONTROL 36,20, in CRYO5 34,80 und in WESTE 34,15°C. Der Temperaturunterschied zwischen den beiden Kühltests und der Kontrollbedingung sind höchst signifikant ($p \leq 0,000$). Die Mittelwerte in WESTE liegen zwar unter denen in CRYO5, allerdings besteht hier keine Signifikanz.

Die mittlere Hauttemperatur bis zum PVF im Test mit der geringsten Leistung liegt mit 34,51°C in CRYO5 höchst signifikant ($p \leq 0,000$) unter der in CONTROL (36,20°C). Die nochmals geringere Temperatur in WESTE (34,05°C) liegt ebenfalls höchst signifikant ($p \leq 0,000$) unter der in CONTROL. CRYO5 und WESTE unterscheiden sich auch hier nicht signifikant.

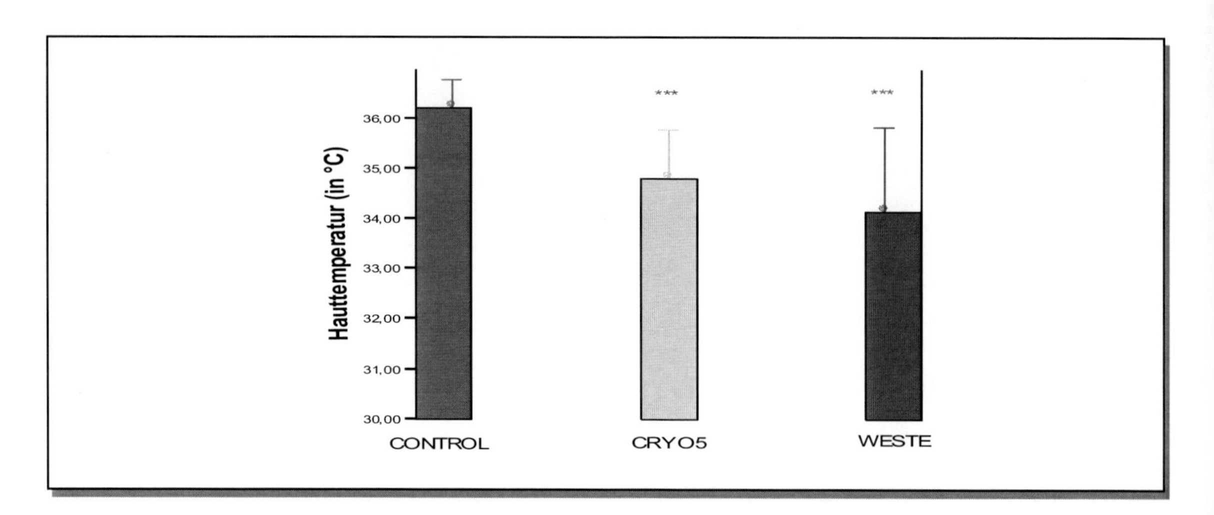

Abb. 23 Mittlere Hauttemperatur und Standardabweichungen in den drei Testbedingungen während des Zeitfahrtests bis zum Abbruchzeitpunkt des Tests mit der geringsten Leistung (PVF_m).

Eine Auswertung der einzelnen, mittleren Hauttemperaturen über den Verlauf des Zeitfahrtest bis Minute 15[11] ergibt folgendes Bild: Die Hauttemperatur in beiden Kühltests liegt zu allen Messzeitpunkten bis Minute 12,5 signifikant bis höchst signifikant unter der in CONTROL. Die Differenzen zwischen CRYO5 und WESTE sind zu keiner Zeit signifikant. Nach 15 Minuten liegt die Hauttemperatur in CRYO5 zwar noch um 1,16°C unter dem Vergleichswert in CONTROL, dieser Unterschied ist jedoch hier, im Gegensatz zur Differenz WESTE – CONTROL ($p \leq 0{,}011$), nicht mehr signifikant.

Am PVF, also zum Testabbruchzeitpunkt, liegt die Hauttemperatur in CRYO5 (35,71°C) und in WESTE (35,32°C) noch immer signifikant ($p \leq 0{,}049$ und 0,003) unter der in CONTROL (36,75°C). Noch deutlicher sind diese Differenzen am PVF_m, an dem die mittleren Temperaturen in CRYO5 (35,54°C) und WESTE (35,05°C) hoch signifikant ($p \leq 0{,}001$ und $p \leq 0{,}002$) unter der in CONTROL (36,75°C) liegen.

[11] Bis Minute 15 haben bereits 6 Testpersonen in CONTROL abgebrochen und zum Messzeitpunkt 17,5 ist n = 2. Daher können sinnvolle Mittelwertvergleiche nur bis Minute 15 durchgeführt werden.

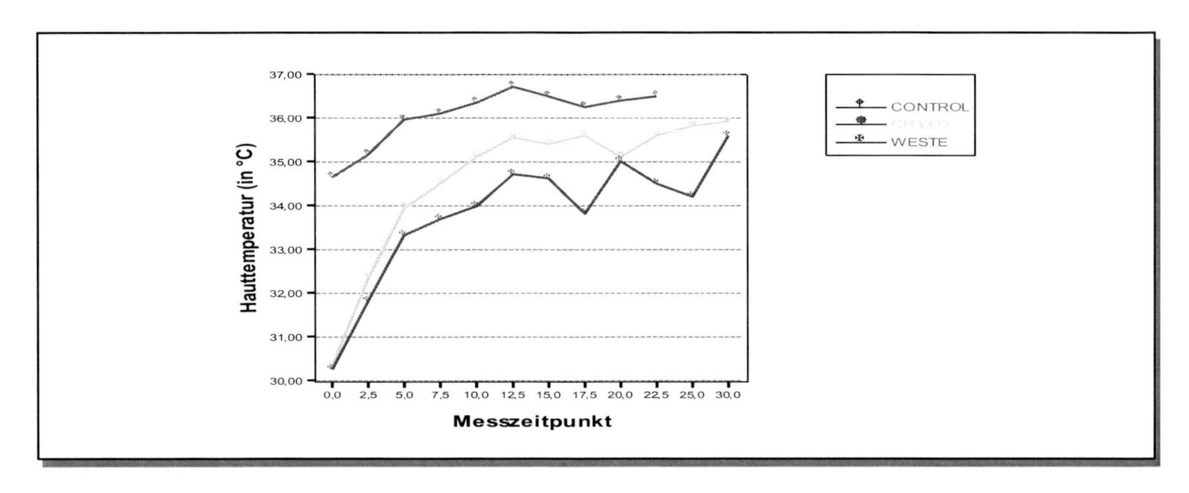

Abb. 24 Hauttemperaturverlauf im Zeitfahrtest in CONTROL, CRYO5 und WESTE (CONTROL: bis Min. 7,5 n = 11; CRYO5: bis Min. 10 n = 11; WESTE: bis Min. 7,5 n = 11).

Teilzusammenfassung – Hauttemperatur im Zeitfahrtest

	Δ HT PVF (in °C)	Δ HT PVF_m (in °C)	MW HT bis PVF (in °C)	MW HT bis PVF_m (in °C)	MW HT bei PVF (in °C)	MW HT bei PVF_m (in °C)
CONTROL	2,10	2,10	36,20	36,20	36,75	36,75
CRYO5	**+154,76% ($p \leq 0,000$)**	**+146,67% ($p \leq 0,000$)**	**-3,87% ($p \leq 0,000$)**	**-4,67% ($p \leq 0,000$)**	**-2,83% ($p \leq 0,049$)**	**-3,29% ($p \leq 0,001$)**
WESTE	**+141,43% ($p \leq 0,003$)**	**+129,05% ($p \leq 0,005$)**	**-5,66% ($p \leq 0,000$)**	**-5,94% ($p \leq 0,000$)**	**-3,89% ($p \leq 0,003$)**	**-4,63% ($p \leq 0,002$)**
CRYO5 - WESTE	+13,33% (n.s.)	+17,62% (n.s.)	+1,79% (n.s.)	+1,27% (n.s.)	+1,06% (n.s.)	+1,34% (n.s.)

Tab. 15 Teilzusammenfassung Hauttemperatur im Zeitfahrtest. Die Prozentangaben beziehen sich zunächst auf den jeweiligen Kontrollwert (CONTROL) und im letzten Falle auf die Differenz zwischen den Kühlmaßnahmen. MW – Mittelwert; HT – Hauttemperatur.

VI.1.2.3 Veränderung der Körperkerntemperatur

Im Gegensatz zur Leistungsmessung erfolgte die Untersuchung des Körperkerntemperaturverhaltens nicht nur während des eigentlichen Zeitfahrtests, sondern bereits zuvor in der Vorbereitungsphase. Daher wird zunächst auf die Unterschiede der Körperkerntemperatur zwischen den drei Testbedingungen während dieser Vorbereitungsperiode eingegangen, gefolgt von den Ergebnissen des Zeitfahrtests.

Im aktiven Teil der Vorbereitungsphase, das heißt von Minute 0 bis 15, stieg die Körperkerntemperatur durchschnittlich in CONTROL um 1,01°C, in CRYO5 um 0,79°C und in WESTE um

1,08°C. Die Unterschiede im Temperaturanstieg (ΔT) der beiden Kühlbedingungen im Vergleich zu CONTROL sind nicht signifikant. Allein die Differenz zwischen ΔT_{CRYO5} und ΔT_{WESTE} ist auf dem Niveau von $p \leq 0{,}030$ als signifikant zu betrachten.

In der 5-minütigen Ruhephase, vor Beginn des Zeitfahrtests, fiel die Körperkerntemperatur der Probanden im Mittel um 0,30 (CONTROL), 0,18 (CRYO5) und 0,49°C (WESTE). Die unterschiedlich stark ausgeprägten Temperaturrückgänge unter den einzelnen Bedingungen sind nicht signifikant.

	N	Minimum (in °C)	Maximum (in °C)	Mittelwert (in °C)	Standardabweichung (in °C)
ΔCONTROL (Min. 0-15)	11	0,6	1,6	1,01	0,30
ΔCRYO5 (Min. 0-15)	11	0,0	1,4	0,79	0,36
ΔWESTE (Min. 0-15)	11	0,7	1,5	1,08	0,30
ΔCONTROL (Min. 15-20)	11	-0,5	0	-0,30	0,15
ΔCRYO5 (Min. 15-20)	11	-0,6	0,4	-0,18	0,27
ΔWESTE (Min. 15-20)	11	-1,3	-0,1	-0,49	0,37

Tab. 16 Minima, Maxima, Mittelwerte und Standardabweichungen der Körperkerntemperaturveränderung von Minute 0 bis 15 und 15 bis 20 in der Vorbereitungsphase.

Betrachtet man die mittlere Körperkerntemperatur im aktiven Teil der Vorbereitungsphase (Min. 0-15), so ergeben sich folgende Werte: CONTROL 37,59, CRYO5 37,35 und WESTE 37,83°C. Die Temperatur in WESTE liegt zwar höher als in den beiden anderen Testbedingungen, der Unterschied ist aber nur im Vergleich zu CRYO5 signifikant ($p \leq 0{,}004$)

In der anschließenden Ruhephase (Min. 15-20) kehrt sich das Bild insofern um, als nun in WESTE die niedrigsten Werte (37,44°C) gemessen wurden. Es folgen in der Reihe CRYO5 (37,46°C) und CONTROL (37,83°C). Die Werte beider Kühltests sind in der Ruhephase signifikant geringer (CRYO5: $p \leq 0{,}011$; WESTE: $p \leq 0{,}024$) als in CONTROL.

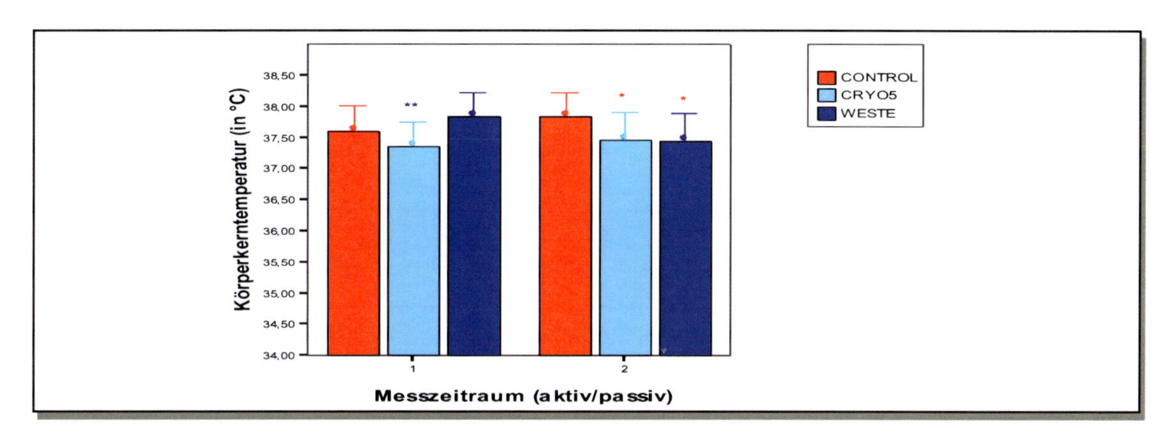

Abb. 25 Mittlere Körperkerntemperaturwerte und Standardabweichungen in den drei Testbedingungen im aktiven (1) und passiven (2) Teil der Vorbereitungsphase.

Eine vergleichende Darstellung der Körperkerntemperaturen zu den einzelnen Messzeitpunkten erfolgt in Abbildung 26. Von besonderer Bedeutung für die spätere Analyse des Zeitfahrens ist der Befund, dass sich die Körperkerntemperaturen fast durchgängig unter den drei Bedingungen, während und am Ende der Vorbereitungsphase, nicht signifikant unterscheiden. Lediglich in Minute 15 besteht ein signifikanter Unterschied zwischen CONTROL und CRYO5 ($p \leq 0{,}040$).

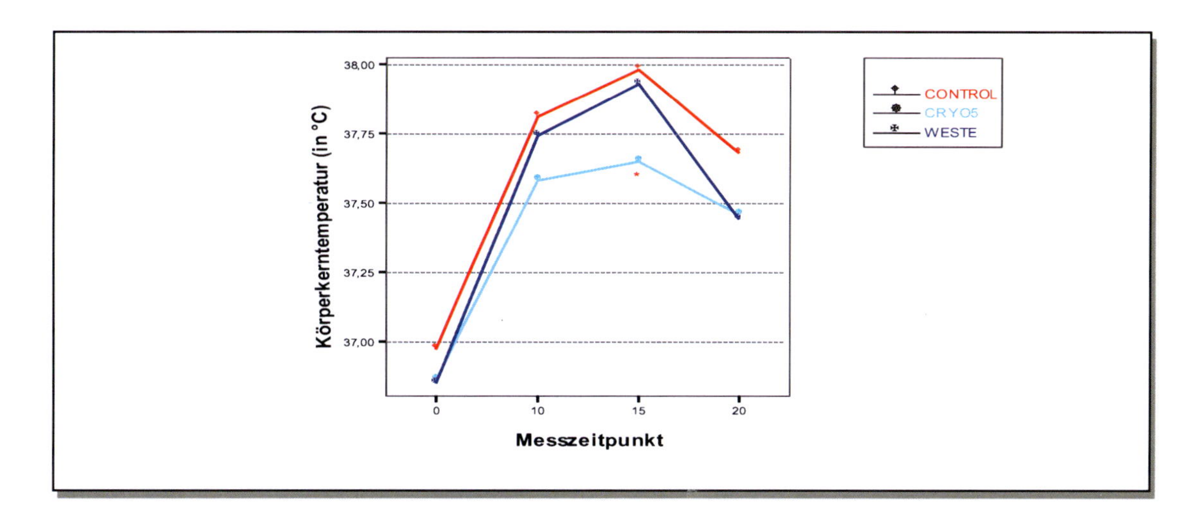

Abb. 26 Körperkerntemperaturverlauf in der Vorbereitungsphase in CONTROL, CRYO5 und WESTE.

Teilzusammenfassung – Körperkerntemperatur in der Vorbereitungsphase:

	Δ KKT aktiv (in °C)	Δ KKT passiv (in °C)	MW KKT aktiv (in °C)	MW KKT passiv (in °C)	MW KKT Min. 15 (in °C)	MW KKT Min. 20 (in °C)
CONTROL	+1,01	-0,30	37,59	37,83	37,98	37,68
CRYO5	-21,78% (n.s.)	+40,00% (n.s.)	-0,64% (n.s.)	**-0,98% ($p \leq 0{,}011$)**	**-0,87% ($p \leq 0{,}040$)**	-0,58% (n.s.)
WESTE	+6,93% (n.s.)	-63,33% (n.s.)	+0,64% (n.s.)	**-1,03% ($p \leq 0{,}024$)**	-0,16% (n.s.)	-0,64% (n.s.)
CRYO5 - WESTE	**-28,71% ($p \leq 0{,}030$)**	+103,33% (n.s.)	**-1,28% ($p \leq 0{,}004$)**	0,05% (n.s.)	-0,71% (n.s.)	+0,06% (n.s.)

Tab. 17 Teilzusammenfassung Körperkerntemperatur im aktiven und passiven Teil der Vorbereitungsphase. Die Prozentangaben beziehen sich zunächst auf den jeweiligen Kontrollwert (CONTROL) und im letzten Falle auf die Differenz zwischen den Kühlmaßnahmen. MW – Mittelwert; KKT – Körperkerntemperatur.

Im Zeitfahrtest kommt es bis zum Abbruch zu einem mittleren Temperaturanstieg von 1,58, 1,92 und 1,86°C in CONTROL, CRYO5 und WESTE. Die Werte der beiden Kühltests sind, verglichen mit CONTROL, signifikant höher ($p \leq 0{,}043$). Da jedoch die Körperkerntemperatur am Ende der Vorbereitungsphase, und somit zu Beginn der Zeitfahrbelastung, in CRYO5 und WESTE geringer ist, sich die Temperaturen beim Abbruch des Tests allerdings nicht signifikant unterscheiden, sondern vielmehr im Mittel sehr nah beisammen liegen (CONTROL 39,39; CRYO5 39,38; WESTE 39,30°C), kann die geringere Starttemperatur als Ursache des größeren Temperaturanstieges unter Kühlbedingungen angenommen werden. Die Tatsache, dass der Temperaturanstieg vom Start bis Minute 5 keine signifikanten Unterschiede aufweist, aber dennoch die Anstiegswerte in den Kühltests hier im Mittel sogar geringer sind, bestätigt diesen Zusammenhang. Gleiches gilt für die geringeren mittleren Temperaturanstiege bis zum Abbruchzeitpunkt im Test mit der individuell geringsten Leistung (PVF_m).

	N	Minimum (in °C)	Maximum (in °C)	Mittelwert (in °C)	Standardabweichung (in °C)
Δ **CONTROL** (0-PVF)	11	0,7	2,9	1,58	0,67
Δ **CRYO5** (0-PVF)	11	1,2	2,9	1,92	0,56
Δ **WESTE** (0-PVF)	11	1,1	2,7	1,86	0,48
Δ **CONTROL** (0-PVFm)	11	0,7	2,9	1,58	0,67
Δ **CRYO5** (0-PVFm)	11	0,6	2,9	1,57	0,62
Δ **WESTE** (0-PVFm)	11	0,9	2,5	1,57	0,55
Δ **CONTROL** (0-Min. 5)	11	0,1	1,2	0,55	0,39
Δ **CRYO5** (0-Min. 5)	11	-0,1	0,9	0,48	0,27
Δ **WESTE** (0-Min. 5)	11	0	1,3	0,51	0,35

Tab. 18 Minima, Maxima, Mittelwerte und Standardabweichungen der Körperkerntemperaturveränderung im Zeitfahrtest bis zum PVF, PVFm und bis Min. 5.

Die durchschnittliche Körperkerntemperatur in den drei Testbedingungen, im Intervall vom Start des Zeitfahrens bis zum Abbruchzeitpunkt des Testes mit der geringsten Leistung, beträgt 38,55 in CONTROL, 38,28 in CRYO5 und 38,32°C in WESTE. Die Ergebnisse der Kühltests unterscheiden sich signifikant (CRYO5: $p \leq 0{,}044$; WESTE: $p \leq 0{,}048$) von CONTROL.

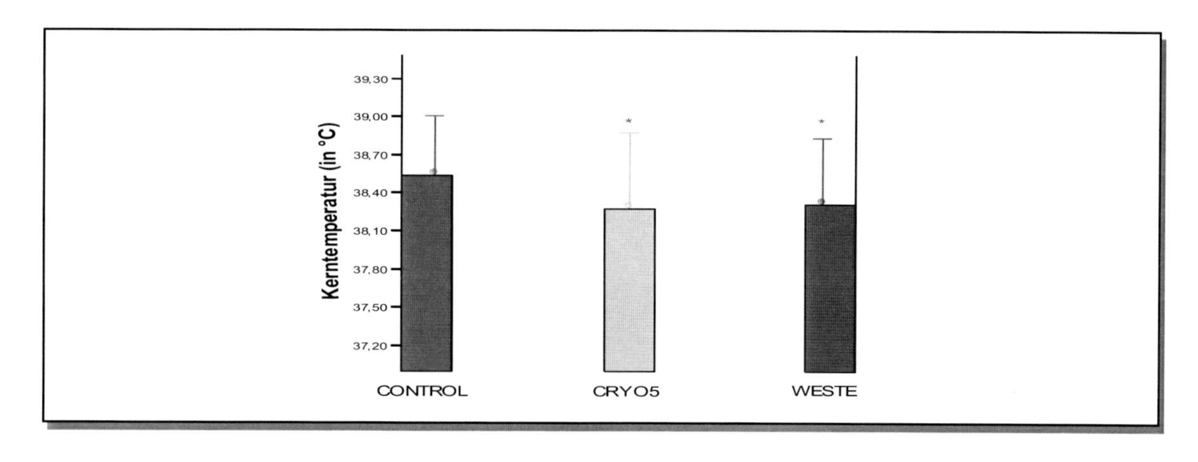

Abb. 27 Mittlere Körperkerntemperaturwerte und Standardabweichungen in den drei Testbedingungen während des Zeitfahrtests bis zum Abbruchzeitpunkt des Tests mit der geringsten Leistung.

Die durchschnittlichen Körperkerntemperaturen in den drei Testbedingungen bis zum PVF unterscheiden sich erst ab der vierten Stelle nach dem Komma von denen bis PVF_m. Es liegen hier die gleichen Signifikanzwerte vor.

Wie Abbildung 28 zeigt, liegt die durchschnittliche Körperkerntemperatur der Testpersonen zu allen Messzeitpunkten unter Kontrollbedingungen höher als in CRYO5 und WESTE, die Unterschiede sind jedoch an keinem der einzelnen Messpunkte signifikant.

Während unter Kontrollbedingungen und in WESTE von Minute 0 bis 2,5 ein Temperaturanstieg erkennbar ist, bleibt die Körperkerntemperatur in CRYO5 in diesem Intervall konstant. Ein afterdrop effect liegt jedoch nicht vor.

Die erheblichen Temperaturdifferenzen ab Minute 17,5 haben in dieser Darstellung nur geringe Aussagekraft, da nur 2 Probanden unter allen Bedingungen länger als 17,5 Minuten fahren konnten. Allein Minute 7,5 erreichten alle Testpersonen in jeder der drei Bedingungen (siehe hierzu auch Legende Abb. 28).

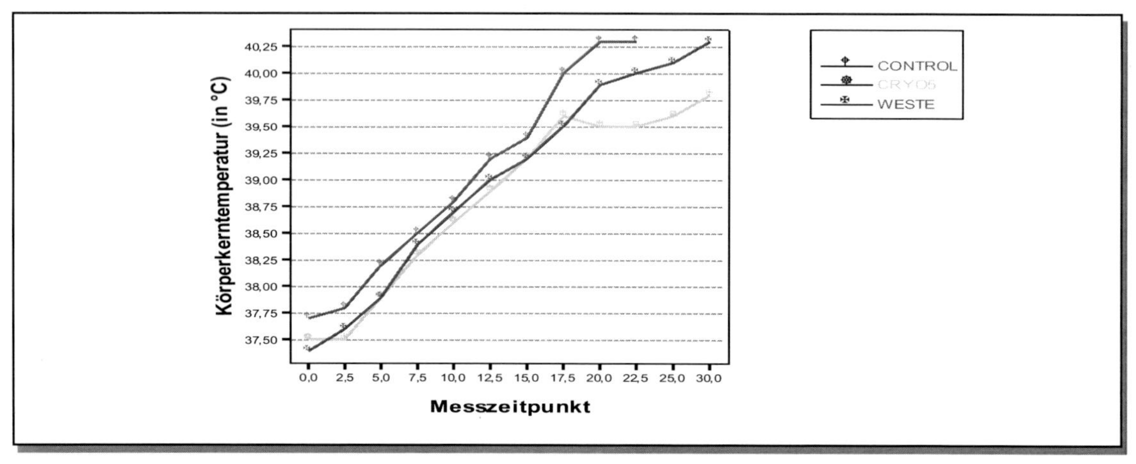

Abb. 28 Körperkerntemperaturverlauf im Zeitfahrtest in CONTROL, CRYO5 und WESTE (CONTROL: bis Min. 7,5 n = 11; CRYO5: bis Min. 10 n = 11; WESTE: bis Min. 7,5 n = 11).

Teilzusammenfassung – Körperkerntemperatur im Zeitfahrtest:

	Δ KKT PVF (in °C)	Δ KKT PVF_m (in °C)	MW KKT bis PVF (in °C)	MW KKT bis PVF_m (in °C)	MW KKT bei PVF (in °C)	MW KKT bei PVF_m (in °C)
CONTROL	+1,58	+1,58	38,55	38,55	39,39	39,39
CRYO5	**+21,52% ($p \le 0,043$)**	-0,63% (n.s.)	**-0,70% ($p \le 0,044$)**	**-0,70% ($p \le 0,044$)**	-0,03% (n.s.)	**-0,89% ($p \le 0,006$)**
WESTE	**+17,72% ($p \le 0,043$)**	-0,63% (n.s.)	**-0,60% ($p \le 0,048$)**	**-0,60% ($p \le 0,048$)**	-0,23% (n.s.)	**-0,97% ($p \le 0,004$)**
CRYO5 - WESTE	+3,8% (n.s.)	0	-0,1% (n.s.)	-0,1% (n.s.)	+0,2% (n.s.)	+0,08% (n.s.)

Tab. 19 Teilzusammenfassung Körperkerntemperatur im Zeitfahrtest. Die Prozentangaben beziehen sich zunächst auf den jeweiligen Kontrollwert (CONTROL) und im letzten Falle auf die Differenz zwischen den Kühlmaßnahmen. MW – Mittelwert; KKT – Körperkerntemperatur.

VI.1.2.4 Veränderung der Herzfrequenz

Wie bereits in vorherigen Kapiteln durchgeführt, soll auch bei der Ergebnisdarstellung der Herzfrequenzmessung eine Zweiteilung in Vorbereitungsphase und Zeitfahrtest vorgenommen werden.

Im aktiven Teil der Vorbereitungsphase (Min. 0-15) kommt es in allen drei Bedingungen zu einem Anstieg der Herzfrequenz. In CONTROL ist dieser mit mittleren 64,91 Schlägen pro Minute hoch signifikant ($p \leq 0,001$) höher als in CRYO5 (57,73 bpm). Auch die Erhöhung der Frequenz in WESTE (63,73 bpm) ist geringer als in CONTROL, jedoch ohne dass dieser Unterschied signifikant wäre. Ein Vergleich der Werte aus CRYO5 mit WESTE ergibt ebenfalls keine signifikante Differenz. Es besteht allerdings ein Trend zu einem geringeren Frequenzanstieg in CRYO5.
In der Ruhephase, von Minute 15 bis 20, sinkt die Herzfrequenz in allen Tests wieder ab, erreicht jedoch in CONTROL bei keinem Probanden die Ausgangsfrequenz von Minute 0. Vor allem in CRYO5 und in Einzelfällen auch in WESTE erreichen einige Testpersonen aber sogar Werte unterhalb der Frequenz zu Beginn der Vorbereitungsphase. Vergleicht man die Mittelwerte in Minute 0 mit denen am Ende der Vorbereitungsphase, so besteht einzig in CRYO5 kein signifikanter Unterschied ($p \leq 0,268$) zwischen Ausgangs- und Endwert.
Der Abfall der Herzfrequenz in der Ruhephase ist in WESTE mit 56,73 Schlägen pro Minute am Größten, gefolgt von CRYO5 (53,91 bpm) und CONTROL (48,27 bpm). Ein Mittelwertvergleich der Frequenzreduktion in den drei Testbedingungen ergibt in keinem Fall eine Fehlerwahrscheinlichkeit von weniger als 5%. Die Unterschiede sind somit nicht signifikant.

	N	Minimum (in bpm)	Maximum (in bpm)	Mittelwert (in bpm)	Standardabweichung (in bpm)
ΔCONTROL (Min. 0-15)	11	38	85	64,91	12,96
ΔCRYO5 (Min. 0-15)	11	38	79	57,73	11,51
ΔWESTE (Min. 0-15)	11	32	81	63,73	13,79
ΔCONTROL (Min. 15-20)	11	-18	-62	-48,27	13,93
ΔCRYO5 (Min. 15-20)	11	-20	-82	-53,91	16,00
ΔWESTE (Min. 15-20)	11	-34	-74	-56,73	11,42

Tab. 20 Minima, Maxima, Mittelwerte und Standardabweichungen der Herzfrequenzveränderung in der Vorbereitungsphase von Min. 0 bis 15 und 15 bis 20.

Ein Vergleich der mittleren Herzfrequenzen im aktiven und passiven Teil der Vorbereitungsphase zeigt, dass die Werte aus CRYO5 (aktiv: 132,76 bpm und passiv: 101,55 bpm), verglichen mit CONTROL (aktiv: 139,42 bpm und passiv: 115,53 bpm) und WESTE (aktiv: 137,43 bpm und passiv: 105,32 bpm) am Niedrigsten sind. Signifikant sind die Unterschiede zwischen CONTROL und CRYO5 sowohl in der aktiven ($p \leq 0,040$) als auch in der passiven ($p \leq 0,025$) Phase. Die mittlere Herzfrequenz von Minute 0 bis 15 unterscheidet sich zwischen CRYO5 und WESTE sogar hoch signifikant ($p \leq 0,005$).

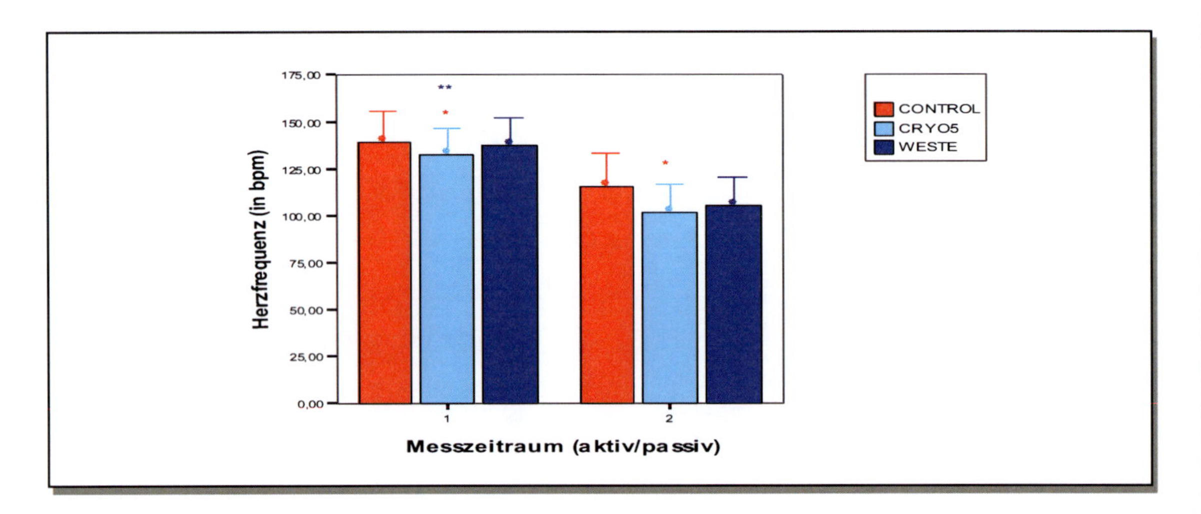

Abb. 29 Mittlere Herzfrequenzwerte in den drei Testbedingungen im aktiven (1) und passiven (2) Teil der Vorbereitungsphase.

Abbildung 30 zeigt den Verlauf der mittleren Herzfrequenzwerte in den drei Bedingungen während der Vorbereitungsphase. In Minute 0 bis 9 unterscheiden sich die Werte in CONTROL, CRYO5 und WESTE nicht signifikant. In Minute 10 liegt der Mittelwert aus CRYO5 hoch signifikant ($p \leq 0,005$) unter dem aus WESTE und signifikant ($p \leq 0,047$) unter dem aus CONTROL. In Minute 13 unterscheiden sich einzig die Werte in CRYO5 und WESTE signifikant ($p \leq 0,032$). Am Ende der Vorbereitungsphase liegt die mittlere Herzfrequenz in den Kühltests signifikant ($p \leq 0,045$) unter der in CONTROL.

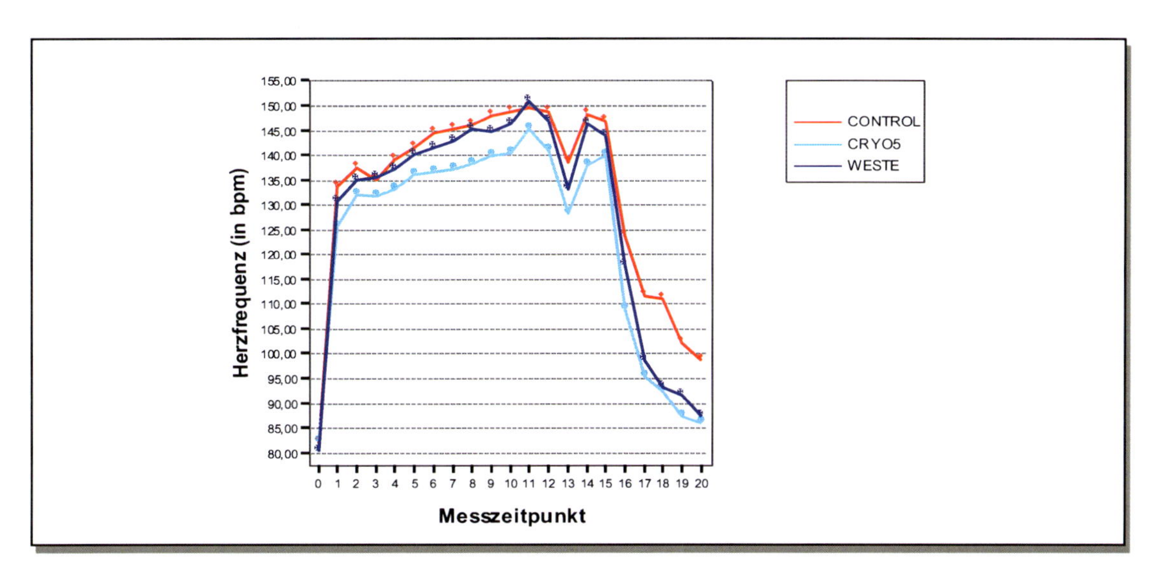

Abb. 30 Mittlerer Herzfrequenzverlauf in der Vorbereitungsphase in CONTROL, CRYO5 und WESTE.

Teilzusammenfassung – Herzfrequenz in der Vorbereitungsphase

	Δ HF aktiv (in bpm)	Δ HF passiv (in bpm)	MW HF aktiv (in bpm)	MW HF passiv (in bpm)	MW HF Min. 15 (in bpm)	MW HF Min. 20 (in bpm)
CONTROL	64,91	-48,27	139,42	115,53	146,82	98,55
CRYO5	**-11,06% ($p \leq 0,001$)**	-11,68% (n.s.)	**-4,78% ($p \leq 0,040$)**	**-12,10% ($p \leq 0,025$)**	**-4,77% ($p \leq 0,011$)**	**-12,83% ($p \leq 0,045$)**
WESTE	-1,82% (n.s.)	-17,53% (n.s.)	-1,43% (n.s.)	-8,84% (n.s.)	-1,98% (n.s.)	**-11,54% ($p \leq 0,045$)**
CRYO5 - WESTE	-9,24% (n.s.)	5,85% (n.s.)	**-3,35% ($p \leq 0,005$)**	-3,26% (n.s.)	-2,79% (n.s.)	-1,29% (n.s.)

Tab. 21 Teilzusammenfassung Herzfrequenz im aktiven und passiven Teil der Vorbereitungsphase. Die Prozentangaben beziehen sich zunächst auf den jeweiligen Kontrollwert (CONTROL) und im letzten Falle auf die Differenz zwischen den Kühlmaßnahmen. MW – Mittelwert.

Im Zeitfahrtest kommt es bis zum Erreichen des PVF zu einem mittleren Herzfrequenzanstieg von 95,36 bpm in CONTROL, 103,55 bpm in CRYO5 und 104,55 bpm in WESTE. Einzig der Unterschied zwischen CONTROL und WESTE ist in diesem Bereich auf dem Niveau von $p \leq 0,033$ signifikant. Vergleicht man die Anstiegswerte vom Start des Zeitfahrens bis zum PVF im Test mit der geringsten Leistung, so ergeben sich hier keine signifikanten Unterschiede.

	N	Minimum (in bpm)	Maximum (in bpm)	Mittelwert (in bpm)	Standardabweichung (in bpm)
ΔCONTROL (Min. 0-PVF)	11	62	114	95,36	16,72
ΔCRYO5 (Min. 0-PVF)	11	71	134	103,55	18,24
ΔWESTE (Min. 0-PVF)	11	72	124	104,55	14,40
ΔCONTROL (Min. 0-PVFm)	11	62	114	95,36	16,72
ΔCRYO5 (Min. 0-PVFm)	11	72	128	100,27	16,46
ΔWESTE (Min. 0-PVFm)	11	72	117	100,36	13,51

Tab. 22 Minima, Maxima, Mittelwerte und Standardabweichungen der Herzfrequenzveränderung im Zeitfahrtest, vom Start bis zum PVF und vom Start bis zum PVF im Test mit der geringsten Leistung (m).

Betrachtet man die Mittelwerte vom Start bis zum PVF, so zeigt sich, dass die durchschnittliche Herzfrequenz in diesem Intervall in CRYO5 mit 171,77 Schlägen pro Minute niedriger liegt als in CONTROL (174,45 bpm) und WESTE (172,70 bpm). Die Unterschiede sind in diesem Zeitraum jedoch nicht signifikant. Untersucht man allerdings die mittlere Herzfrequenz vom Start bis zum Abbruch im Test mit der geringsten Leistung (PVF_m), so stellt sich heraus, dass dieser Wert in CRYO5 mit 168,40 Schlägen pro Minute signifikant ($p \leq 0,019$) unter dem in CONTROL (174,45 bpm) liegt. Ein Vergleich von WESTE und CONTROL ergibt zwar keinen signifikanten Unterschied, es scheint jedoch ein Trend zu geringeren Herzfrequenzen in WESTE zu existieren ($p \leq 0,054$). CRYO5 und WESTE differieren untereinander nicht signifikant.

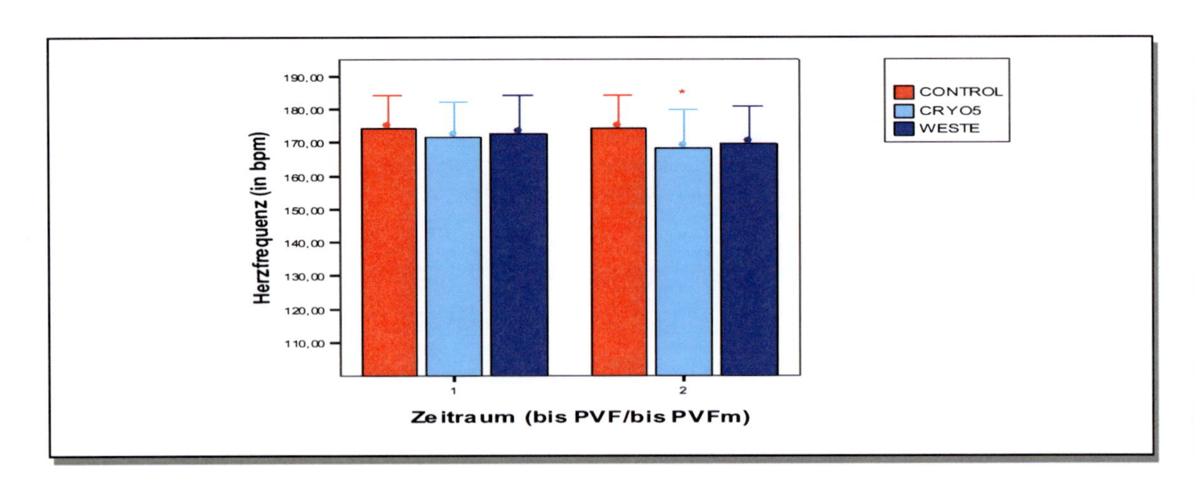

Abb. 31 Mittlere Herzfrequenzwerte in den drei Testbedingungen im Zeitraum Start-PVF (1) und Start PVFm (2). m – Test mit der geringsten Leistung.

Abbildung 32 zeigt den Verlauf der durchschnittlichen Herzfrequenzwerte vom Start bis Minute 35. Es bestätigt sich hier an den einzelnen Messpunkten der Befund aus dem obigen Gesamtmittelwertvergleich, dass die Herzfrequenz bis Minute 7,5 in den Kühltests stets unterhalb der aus der Kontrollbedingung liegt. Auch nach diesem Zeitpunkt, ab dem bereits in CONTROL und WESTE einige Sportler den Test abgebrochen hatten, setzt sich dieser Trend fort. Untersucht man die Frequenzdifferenzen an jedem Messpunkt auf Signifikanz, so zeigt sich, dass die Werte aus CRYO5 an 10 Stellen signifikant unter denen aus CONTROL und zweimal signifikant unter denen in WESTE liegen. Die Werte in WESTE selbst liegen ihrerseits viermal signifikant unter den Frequenzen aus CONTROL. Es fällt besonders auf, dass sich die Herzfrequenz, in den drei Bedingungen, in der ersten Anstiegsphase bis Minute 4, nicht signifikant unterscheidet.

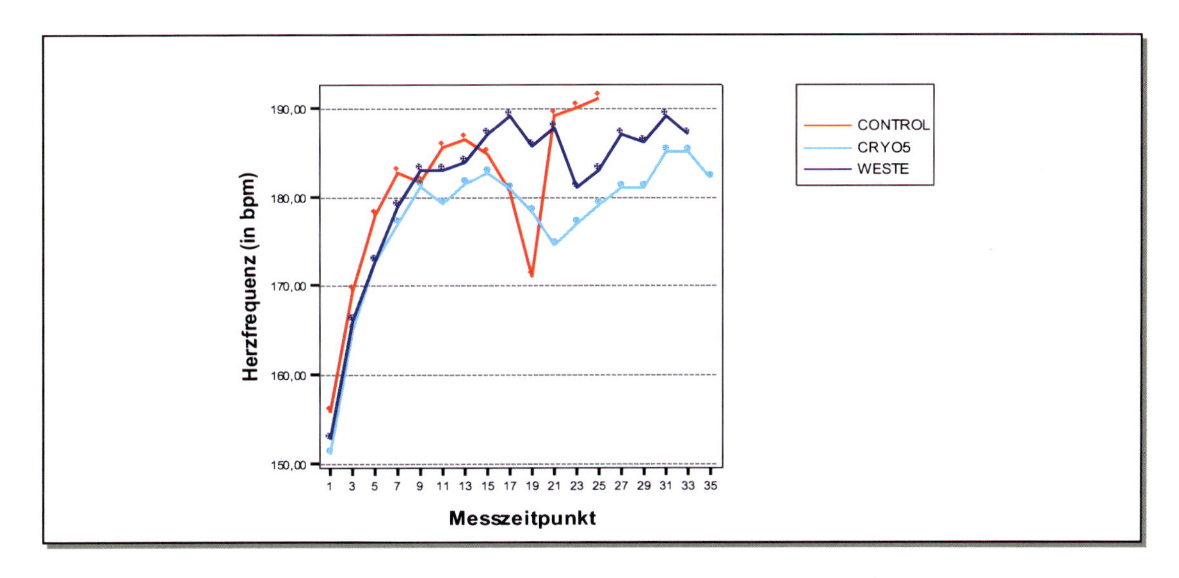

Abb. 32 Mittlerer Herzfrequenzverlauf im Zeitfahrtest in CONTROL, CRYO5 und WESTE. (CONTROL: bis Min. 7,5 n = 11; CRYO5: bis Min. 10 n = 11; WESTE: bis Min. 7,5 n = 11).

Teilzusammenfassung – Herzfrequenz im Zeitfahrtest

	Δ HF PVF (in bpm)	Δ HF PVF_m (in bpm)	MW HF bis PVF (in bpm)	MW HF bis PVF_m (in bpm)	MW HF bei PVF (in bpm)	MW HF bei PVF_m (in bpm)
CONTROL	95,36	95,36	174,45	174,45	193,91	193.91
CRYO5	+ 8,59% (n.s.)	+5,15% (n.s.)	-1,54% (n.s.)	**-3,47% ($p \leq 0{,}019$)**	**-2,30% ($p \leq 0{,}003$)**	**-3,99% ($p \leq 0{,}002$)**
WESTE	**+9,64% ($p \leq 0{,}033$)**	+5,24% (n.s.)	-1,00% (n.s.)	-0,99% (n.s.)	-1,12% (n.s.)	**-3,28% ($p \leq 0{,}014$)**
CRYO5 - WESTE	-1,05% (n.s.)	-0,09% (n.s.)	-0,54% (n.s.)	-2,48% (n.s.)	-1,18% (n.s.)	-0,71% (n.s.)

Tab. 23 Teilzusammenfassung Herzfrequenz im Zeitfahrtest. Die Prozentangaben beziehen sich zunächst auf den jeweiligen Kontrollwert (CONTROL) und im letzten Falle auf die Differenz zwischen den Kühlmaßnahmen. MW – Mittelwert.

VI.1.2.5 Veränderung der Blutlaktatkonzentration

Die Laktatwerte im Kapillarblut wurden in diesem Testprotokoll zu drei Zeitpunkten gemessen. Zuerst nach Beendigung der Vorbereitungsphase und somit zu Beginn des Zeitfahrtests, dann erneut nach 5 Minuten und ein letztes Mal unmittelbar nach Erreichen des PVF.

In Minute 20 der Vorbereitungsphase weisen die Teilnehmer Blutlaktatwerte von 2,66 (CONTROL), 2,34 (CRYO5) und 2,36 (WESTE) mmol/l auf. An dieser Stelle ist der Unterschied zwischen WESTE und CONTROL auf dem Niveau von $p \leq 0{,}017$ signifikant. Der sogar im Mittel noch geringere Wert in CRYO5 unterscheidet sich hingegen nicht signifikant von dem in CONTROL. Zwischen WESTE und CRYO5 besteht ebenfalls kein signifikanter Unterschied.
Nach den ersten 5 Minuten des Zeitfahrtests liegen die mittleren Werte der Kühltests mit 6,29 (CRYO5) und 6,35 (WESTE) mmol/l weiterhin leicht unter dem in CONTROL (6,38 mmol/l), allerdings liegt zu diesem Zeitpunkt keine Signifikanz vor.
Nach Erreichen des PVF liegen die gemessenen Laktatwerte im Mittel in CONTROL (8,77 mmol/l) und WESTE (8,71 mmol/l) recht dicht zusammen und unterscheiden sich nicht signifikant. Der Abbruchlaktatwert in CRYO5 liegt jedoch mit 7,76 mmol/l signifikant unterhalb derer in CONTROL ($p \leq 0{,}044$) und WESTE ($p \leq 0{,}001$).

	N	Minimum (in mmol/l)	Maximum (in mmol/l)	Mittelwert (in mmol/l)	Standardabweichung (in mmol/l)
CONTROL (PVF)	11	6,3	10,5	8,77	1,43
CRYO5 (PVF)	11	4,3	10,2	7,76	2,06
WESTE (PVF)	11	4,7	11,2	8,71	2,17
CONTROL (Ende VP)	11	1,7	3,3	2,66	0,56
CRYO5 (Ende VP)	11	1,6	3,2	2,34	0,57
WESTE (Ende VP)	11	1,6	3,0	2,36	0,46
CONTROL (Min. 5)	11	4,1	11,2	6,38	2,03
ΔCRYO5 (Min. 5)	11	3,7	10,1	6,29	1,86
ΔWESTE (Min. 5)	11	3,7	8,8	6,35	1,46

Tab. 24 Minima, Maxima, Mittelwerte und Standardabweichungen der Laktatwerte am Ende der Vorbereitungsphase und im Zeitfahrtest. VP – Vorbereitungsphase.

In Abbildung 33 sind die mittleren Laktatwerte zu den einzelnen Messzeitpunkten als Balkendiagramm ausgewiesen. Die graphische Darstellung zeigt wie die Laktatwerte der Kühltests nach der Vorbereitungsphase vom Kontrollwert abweichen, sich alle Werte nach 5-minütiger Zeitfahrbelastung wieder annähern und am PVF die Blutlaktatwerte in CRYO5 signifikant (CONTROL) und hoch signifikant (WESTE) niedriger liegen als in beiden anderen Bedingungen.

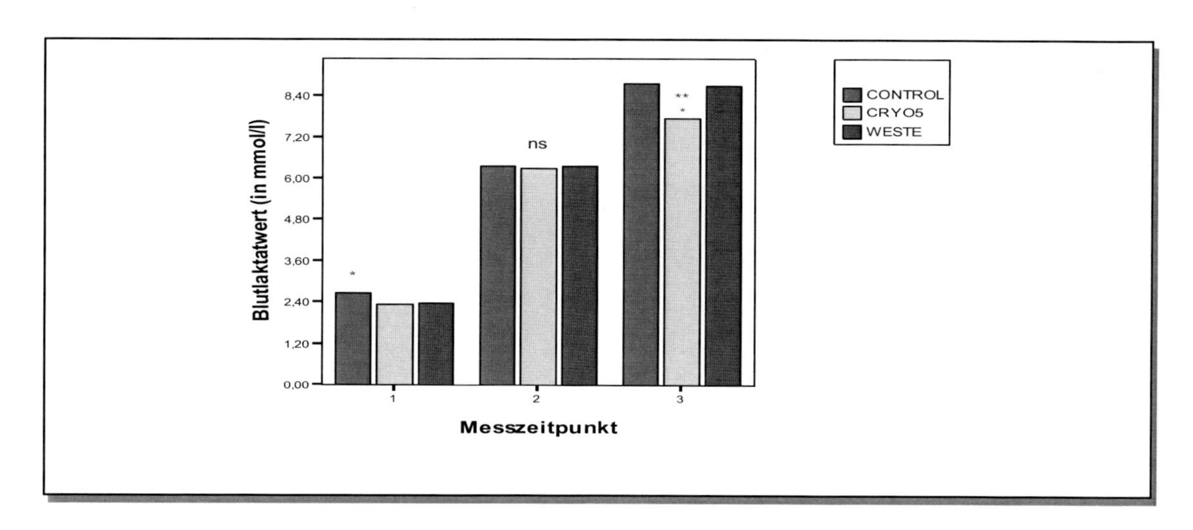

Abb. 33 Mittlere Blutlaktatwerte in den drei Testbedingungen zu den einzelnen Messzeitpunkten. 1 – Ende der Vorbereitungsphase; 2 – Minute 5 des Zeitfahrtests; 3 – PVF.

Teilzusammenfassung – Blutlaktat

	MW BL Min. 20 VP (in mmol/l)	MW BL Min. 5 TT (in mmol/l)	MW BL PVF (in mmol/l)
CONTROL	2,66	6,38	8,77
CRYO5	-12,03% (n.s.)	-1,42% (n.s.)	**-11,52% ($p \leq 0,044$)**
WESTE	**-11,28% ($p \leq 0,017$)**	-0,47% (n.s.)	-0,68% (n.s.)
CRYO5 – WESTE	-0,75% (n.s.)	-0,95% (n.s.)	**-10,84 ($p \leq 0,001$)**

Tab. 25 Teilzusammenfassung Blutlaktat. Die Prozentangaben beziehen sich zunächst auf den jeweiligen Kontrollwert (CONTROL) und im letzten Falle auf die Differenz zwischen den Kühlmaßnahmen. MW – Mittelwert; BL – Blutlaktat; TT - Zeitfahrtest.

VI.2 Analytische Ergebnisdarstellung

VI.2.1 Eingangsstufentest

Im Sinne des erkenntnisleitenden Interesses, welches sich auf die Auswirkungen unterschiedlicher Kühlmaßnahmen auf die Ausdauerleistung beim Radfahren bezieht, finden sich durch die Korrelationsanalyse der Daten des Eingangsstufentests vor allem folgende Ergebnisse, denen eine direkte Bedeutung für die späteren Zeitfahrtests zugeschrieben werden kann.

Dies ist zunächst der Befund, dass das Gewicht der Probanden insofern mit der maximalen Ausdauerleistungsfähigkeit (W_{max}) korreliert, dass ein größeres Gewicht auch eine höhere W_{max} bedeutet.

Bezieht man die W_{max} auf das individuelle Körpergewicht der Testteilnehmer (relative W_{max}), so ergibt sich hier eine mittlere und hohe, signifikante Korrelation zum Umfang des gesamten sportlichen Trainings pro Woche im Allgemeinen und zum Radsporttraining im Speziellen. Ein größerer Trainingsumfang führt hier zu einer höheren relativen W_{max}. Eine negative Korrelation besteht zwischen der relativen W_{max} und der Leistung in den Zeitfahrtests. Eine geringere relative maximale Ausdauerleistungsfähigkeit führt zu einer höheren Leistung im Zeitfahrtest unter Hitzebedingungen.

	Gewicht	Sport pro Wo.	Radsport pro Wo.	Leistung CONTROL	Leistung CRYO5	Leistung WESTE
W_{max}	0,654 $p \leq 0,029$	-	-	-	-	-
relative W_{max}	-	0,694 $p \leq 0,018$	0,784 $p \leq 0,004$	-0,792 $p \leq 0,004$	-0,718 $p \leq 0,013$	-0,804 $p \leq 0,003$

Tab. 26 Korrelationsmatrix Eingangsstufentest (W_{max}: maximale Ausdauerleistungsfähigkeit; relative W_{max}: maximale Ausdauerleistungsfähigkeit bezogen auf das individuelle Körpergewicht).

VI.2.2 Zeitfahrtests

VI.2.2.1 Analyse der Messparameter

Die Darstellung der Zusammenhänge zwischen den einzelnen Messparametern konzentriert sich auf die Untersuchung der jeweiligen Werte zu drei Messzeitpunkten. Dies geschieht aus zwei Gründen: 1.) Die durchgeführten Korrelationsanalysen zwischen den Mittelwerten der Parameter über bestimmte Zeiträume ergaben keine signifikanten Zusammenhänge. 2.) Die Einbeziehung der Blutlaktatkonzentrationen ist nur zu den Zeitpunkten möglich, an denen sie ermittelt wurden. Daher erfolgt die Analyse der Messparameter vornehmlich in Minute 20 der Vorbereitungsphase, in Minute 5 des Zeitfahrtests und beim freiwilligen Abbruch der Belastung (PVF). In Einzelfällen allerdings, wenn die Korrelationen an den drei Hauptmesspunkten zur Darstellung des Gesamtzusammenhangs nicht ausreichten, wurden die Werte weiterer Messzeitpunkte hinzugenommen.

Leistung

Wie Tabelle 26 zeigt, finden sich bezogen auf die Hauttemperatur (HT), also der durch Kühlmaßnahmen zunächst beeinflussten Größe, in CONTROL und WESTE zahlreiche signifikante Korrelationen. Während diese unter Kontrollbedingungen bereits von Beginn der Messungen in Minute 10 der Vorbereitungsphase (VP) auftreten, korreliert die Hauttemperatur in WESTE nur in Minute 10 der Vorbereitung und dann erst wieder ab Minute 2,5 des Zeitfahrens (TT) mit der Leistung. In CRYO5 findet sich einzig in Minute 7,5 des Zeitfahrens eine mittlere signifikante Korrelation.

	Min. 10 (VP)	Min. 15 (VP)	Min. 20 (VP)	Min. 2,5 (TT)	Min. 5 (TT)	Min. 7,5 (TT)
t-PVF CONTROL	-0,720 p ≤ 0,012	-0,610 p ≤ 0,046	-0,617 p ≤ 0,043	-0,607 p ≤ 0,048	-0,731 p ≤ 0,011	-
t-PVF CRYO5	-	-	-	-	-	-0,674 p ≤ 0,023
t-PVF WESTE	-0,788 p ≤ 0,004	-	-	-0,876 p ≤ 0,000	-0,777 p ≤ 0,005	-0,718 p ≤ 0,013

Tab. 27 Korrelationsmatrix der Leistung (t-PVF) in den drei Testbedingungen mit der Hauttemperatur zu verschiedenen Messzeitpunkten.

Betrachtet man die Körperkerntemperatur (KKT), so bestehen allein zum Abbruchzeitpunkt (PVF) signifikante Korrelationen zur Leistung und zwar ausschließlich in CONTROL und WESTE.
Bei der Herzfrequenz (HF) ergeben sich in CONTROL signifikante Korrelationen zur Leistung zwischen den Werten in Minute 20 der Vorbereitungsphase (pVP) und Minute 5 des Zeitfahrens (p5). Zusammenhänge zwischen der Leistung und der Herzfrequenz wurden in CRYO5 und WESTE nicht gefunden.
Die Blutlaktatkonzentration (BL) beim Abbruch der Belastung korreliert nur in CRYO5 und WESTE mit der Zeit bis zum Abbruch, also der Leistung (t-PVF).

	KKT-PVF	HF-pVP	HF-p5	BL-p5	BL-PVF
t-PVF CONTROL	0,840 p ≤ 0,001	-0,613 p ≤ 0,045	-0,690 p ≤ 0,019	-0,649 p ≤ 0,031	-
t-PVF CRYO5	-	-	-	-	-0,624 p ≤ 0,040
t-PVF WESTE	0,821 p ≤ 0,002	-	-	-0,692 p ≤ 0,018	-0,635 p ≤ 0,036

Tab. 28 Korrelationsmatrix der Leistung (t-PVF) in den drei Testbedingungen mit ausgewählten Messparametern.

Untersucht man die Zusammenhänge der Parameter Hauttemperatur, Körperkerntemperatur, Herzfrequenz und Blutlaktat mit der Leistung unter Einsatz einer schrittweisen, multiplen linearen Regressionsanalyse, so ergibt sich eine Rangfolge der auf die Leistung bezogenen Messparameter, abhängig von der Bedeutung dieser für die abhängige Variable (hier Zeit bis PVF).

CONTROL	St.Ko. Beta	Sig.	CRYO5	St.Ko. Beta	Sig.	WESTE	St.Ko. Beta	Sig.
KKT - PVF	0,726	p ≤ 0,001	BL - PVF	-0,649	p ≤ 0,009	KKT - PVF	0,828	p ≤ 0,000
HT - pVP	-0,421	p ≤ 0,013	HT - p5	-0,574	p ≤ 0,016	HF - pVP	-0,440	p ≤ 0,009

Tab. 29 Matrix der multiplen linearen Regressionsanalyse zur Leistung (abbhängige Variable: Zeit bis PVF; unabhängige Variablen: Hauttemperatur, Körperkerntemperatur, Herzfrequenz und Blutlaktatkonzentration zu den drei Messzeitpunkten; St.Ko. Beta: Standardisierter Koeffizient Beta; Sig.; Zweiseitige Signifikanz).

Das Ergebnis der Regressionsanalyse zeigt, dass die Körperkerntemperatur beim Abbruch und die Hauttemperatur am Ende der Vorbereitungsphase in CONTROL die wichtigsten Größen für die Vorhersage der Leistung sind. In den Kühltests verschiebt sich die Bedeutung der Parameter insofern, dass hier Herzfrequenz und Blutlaktatkonzentration an Bedeutung gewinnen. Aus diesem Grund sollen im Folgenden diese vier, für die Leistung in den einzelnen Bedingungen unterschiedlich wichtigen Messparameter auf Zusammenhänge untereinander hin analysiert werden.

Hauttemperatur

Bei der Korrelationsanalyse bezogen auf die Hauttemperatur fällt auf, dass einzig in CRYO5 keine signifikanten Zusammenhänge zu den weiteren Messparametern bestehen. In CONTROL jedoch bestehen zu allen drei Zeitpunkten mittlere bis hohe, signifikante Korrelationen zur Herzfrequenz.

Ein signifikanter Zusammenhang zwischen der Hauttemperatur und der Blutlaktatkonzentration besteht einzig in WESTE, in Minute 5.

Auch zwischen der Hauttemperatur und der Körperkerntemperatur findet sich allein in WESTE ein signifikanter Zusammenhang und dieser ist hier auf die Korrelation zwischen der Hauttemperatur in Minute 5 des Zeitfahrtests und die Körperkerntemperatur beim Abbruch der Belastung beschränkt.

CONTROL	KKT-pVP	HF-pVP	HF-p5	HF-PVF	BL-p5
HT-pVP	-	0,795 p ≤ 0,003	-	-	-
HT-p5	-	-	0,772 p ≤ 0,005	0,682 p ≤ 0,021	-
WESTE	**KKT-PVF**	**HF-pVP**	**HF-p5**	**HF-PVF**	**BL-p5**
HT-p5	-0,615 p ≤ 0,044	-	-	-	0,700 p ≤ 0,017

Tab. 30 Korrelationsmatrix bezogen auf die Hauttemperatur mit ausgewählten Messparametern.

Körperkerntemperatur

Allein in CONTROL, am Ende der Vorbereitungsphase, findet sich eine signifikante Korrelation zwischen der Körperkerntemperatur und der Herzfrequenz.

Zur Blutlaktatkonzentration bestehen nur in CRYO5 und WESTE signifikante Korrelationen. Am Ende der Vorbereitungsphase korreliert die Körperkerntemperatur in CRYO5 mit der Blutlaktatkonzentration an dieser Stelle. Ein Zusammenhang am PVF besteht hier nicht. In WESTE allerdings ergab sich eine mittlere Korrelation zwischen der Blutlaktatkonzentration in Minute 5 des Zeitfahrens und der Körperkerntemperatur am PVF.

CONTROL	HF-pVP	BL-pVP	BL-p5
KKT-pVP	0,616 $p \leq 0,044$	-	-
CRYO5	**HF-pVP**	**BL-pVP**	**BL-p5**
KKT-pVP	-	0,666 $p \leq 0,025$	-
WESTE	**HF-pVP**	**BL-pVP**	**BL-p5**
KKT-PVF	-	-	-0,631 $p \leq 0,037$

Tab. 31 Korrelationsmatrix bezogen auf die Körperkerntemperatur mit ausgewählten Messparametern.

Herzfrequenz und Blutlaktatkonzentration

Signifikante Korrelationen zwischen der Herzfrequenz und der Blutlaktatkonzentration treten in CRYO5, gefolgt von WESTE, am Häufigsten auf. Unter Kontrollbedingungen besteht hier nur in Minute 5 des Zeitfahrtests ein signifikanter Zusammenhang. Es fällt besonders auf, dass in CRYO5 hohe, hoch signifikante Korrelationen der Herzfrequenz in Minute 5 und am PVF mit der Blutlaktatkonzentration beim Abbruch bestehen. In WESTE sind diese Zusammenhänge schwächer und in CONTROL nicht signifikant.

CONTROL	BL-pVP	BL-p5	BL-PVF
HF-p5	-	0,704 $p \leq 0,016$	-
CRYO5	**BL-pVP**	**BL-p5**	**BL-PVF**
HF-pVP	0,733 $p \leq 0,010$	-	-
HF-p5	0,784 $p \leq 0,004$	-	0,804 $p \leq 0,003$
HF-PVF	0,628 $p \leq 0,038$	0,604 $p \leq 0,049$	0,789 $p \leq 0,004$
WESTE	**BL-pVP**	**BL-p5**	**BL-PVF**
HF-p5	0,626 $p \leq 0,039$	0,642 $p \leq 0,033$	0,693 $p \leq 0,018$
HF-PVF	-	-	0,712 $p \leq 0,014$

Tab. 32 Korrelationsmatrix zwischen der Herzfrequenz und der Blutlaktatkonzentration zu verschiedenen Zeitpunkten.

VI.2.2.2 Analyse biometrischer Parameter

Untersucht man die Zusammenhänge der in dieser Studie ermittelten biometrischen Parameter mit den Messgrößen Leistung, Hauttemperatur, Körperkerntemperatur, Herzfrequenz und Blutlaktatkonzentration, so finden sich allein signifikante Korrelationen mit dem Alter und dem relativen Körperfettanteil.

In allen Bedingungen finden sich hohe, signifikante Korrelationen zwischen dem Alter und der Herzfrequenz. Signifikante Zusammenhänge des Alters mit der Blutlaktatkonzentration bestehen allein in den Kühltests.

Betrachtet man den relativen Körperfettanteil, so zeigen sich hier in CRYO5 keine signifikanten Korrelationen mit anderen Messparametern. In CONTROL und WESTE jedoch finden sich signifikante Zusammenhänge zwischen dem Körperfettanteil und der Hauttemperatur. Darüber hinaus korrelieren die Herzfrequenz am Ende der Vorbereitungsphase und der Körperfettanteil in CONTROL signifikant. In den Precoolingtests finden sich hier keine signifikanten Korrelationskoeffizienten.

CONTROL	HT - pVP	HT - p5	HF - pVP	HF - p5	HF - PVF	BL - pVP	BL - p5	BL - PVF
Alter	-	-0,686 p ≤ 0,020	-	-0,791 p ≤ 0,004	-0,871 p ≤ 0,000	-	-	-
Körperfettanteil	-0,705 p ≤ 0,015	-	-0,638 p ≤ 0,035	-	-	-	-	-
CRYO5	**HT - pVP**	**HT - p5**	**HF - pVP**	**HF - p5**	**HF - PVF**	**BL - pVP**	**BL - p5**	**BL - PVF**
Alter	-	-	-	-0,806 p ≤ 0,003	-0,884 p ≤ 0,000	-	-0,657 p ≤ 0,028	-0,744 p ≤ 0,009
Körperfettanteil	-	-	-	-	-	-	-	-
WESTE	**HT - pVP**	**HT - p5**	**HF - pVP**	**HF - p5**	**HF - PVF**	**BL - pVP**	**BL - p5**	**BL - PVF**
Alter	-	-	-	-0,828 p ≤ 0,002	-0,881 p ≤ 0,000	-0,611 p ≤ 0,046	-	-0,662 p ≤ 0,026
Körperfettanteil	-	-0,706 p ≤ 0,015	-	-	-	-	-0,739 p ≤ 0,009	-

Tab. 33 Korrelationsmatrix bezogen auf die biometrischen Daten Alter und relativer Körperfettanteil mit ausgewählten Messparametern.

VI.3 Interpretation und Diskussion

VI.3.1 Eingangsstufentest

Die maximale Ausdauerleistungsfähigkeit (W_{max}), hier definiert als die höchste erreichte und mindestens zur Hälfte absolvierte Stufe im Eingangsstufentest, variiert zwischen den Probanden in einem Spektrum von 250 bis 400 Watt. Die W_{max} des Eingangsstufentests korreliert signifikant mit dem Körpergewicht der Probanden (0,654; $p \leq 0,029$). Eine einfache lineare Regressionsanalyse ergab einen positiven Regressionskoeffizienten und bestätigt somit, dass schwerere Probanden höhere W_{max}-Werte erreichten. Es soll an dieser Stelle jedoch nicht im Detail auf diesen Zusammenhang eingegangen werden, da keine Korrelation zwischen der W_{max} und der Leistung in den Zeitfahrtests besteht.
Bezieht man allerdings die W_{max} auf das jeweilige Körpergewicht der Probanden, so zeigen sich hier in allen drei Testbedingungen hohe und signifikante Korrelationen zwischen der Zeitfahrleistung und der relativen W_{max}: CONTROL: -0,792 ($p \leq 0,004$); CRYO5: -0,718 ($p \leq 0,013$); WESTE: -0,804 ($p \leq 0,003$). Das negative Vorzeichen der Korrelationskoeffizienten zeigt an, dass eine höhere relative W_{max} im Eingangsstufentest eine kürzere Zeit bis zum Abbruchzeitpunkt (PVF) in den Zeitfahrtests bedeutete. Die ermittelten Regressionskoeffizienten bestätigen diese Art des Zusammenhangs (CONTROL: -435,864 ($p \leq 0,004$); CRYO5: -540,871 ($p \leq 0,013$); WESTE: -556,610 ($p \leq 0,003$)). Hierfür ergeben sich grundsätzlich zwei unterschiedliche Erklärungsmodelle: Entweder haben sich die Probanden, die in den Zeitfahrtests besonders hohe Zeit- und damit Leistungswerte erreichten, im Stufentest nicht völlig ausbelastet und konnten daher in den Zeitfahrtests auf einem relativ geringeren Niveau fahren, oder die relativ zum Körpergewicht höhere Gesamtleistung im Zeitfahrtest bei den Probanden mit höherer relativer W_{max} führte unter den Hitzebedingungen der Zeitfahrtests zu einer größeren thermoregulatorischen Belastung, die unter den Bedingungen des Eingangsstufentests möglicherweise nicht in dem Maße ins Gewicht fielen.
Dem ersten Modell steht der Befund gegenüber, dass die relative W_{max} eine hohe Korrelation (0,784; $p \leq 0,004$) zu den radsportspezifischen Trainingsstunden pro Woche und eine mittlere Korrelation (0,694; $p \leq 0,018$) zu den gesamten Trainingsstunden pro Woche aufweist. Hätten sich einzelne Testpersonen im Stufentest nicht ausbelastet, so wäre anzunehmen, dass eine Korrelation zwischen der relativen W_{max} und den Trainingsumfängen entweder gar nicht vorhanden oder nicht so ausgeprägt wäre.
Für das zweite Modell hingegen spricht ebenfalls das Ergebnis der Zusammenhangsanalyse zwischen der relativen W_{max} und den mittleren und absoluten Körperkerntemperaturen zu unter-

schiedlichen Zeitpunkten und in verschiedenen Zeiträumen, der zufolge im Eingangsstufentest keine signifikanten Korrelationen unter diesen Parametern vorliegen. Die durch den geringen Wirkungsgrad des menschlichen Organismus' beim Radfahren bedingte erhöhte Wärmebildung bei relativ höherer Leistung (Bridge und Febbraio 2002, S. 44) hingegen bietet eine mögliche Erklärung für den Zusammenhang von relativer W_{max} im Eingangsstufentest bei Raumtemperatur und der Zeitfahrleistung unter Hitzebedingungen.

Zusammenfassend lässt sich sagen, dass die im Eingangsstufentest ermittelte Höhe der relativen maximalen Ausdauerleistungsfähigkeit offenbar Einfluss auf die Höhe der thermoregulatorischen Belastung in den Zeitfahrtests hat.

VI.3.2 Zeitfahrtests

VI.3.2.1 Leistung

Die Leistung im durchgeführten Zeitfahrtest, definiert als die Länge der Zeit bis zum freiwilligen Abbruch der Belastung am PVF, ist die für den Sportler zunächst entscheidende Größe und steht daher am Anfang dieser Analyse.

Diese hat sich durch die eingesetzten Precoolingmaßnahmen im Vergleich zum Kontrolltest hoch signifikant verbessert. In WESTE betrug der Unterschied zu CONTROL 16,28% ($p \leq 0{,}005$) und in CRYO5 lag die Leistung sogar 25,20% ($p \leq 0{,}004$) über der unter Kontrollbedingungen. Dieses Ergebnis bestätigt den positiven Einfluss des Precoolings auf die Ausdauerleistung, wie er z.B. bei Cotter et al. (2001), Arngrimsson et al. (2004) und Joch und Ückert (2005/06) festgestellt wurde. Der Leistungsunterschied zwischen CRYO5 und WESTE ist hierbei auf dem Niveau von $p \leq 0{,}116$ nicht signifikant. Dennoch ist es denkbar, dass die größere mittlere Leistung nach Kühlung mit dem Cryo5 im Vergleich zur Weste nicht zufällig aufgetreten ist, sondern in Zusammenhang mit der deutlich geringeren Applikationstemperatur (-30°C) des Kryotherapiegerätes steht. Dies würde sich mit der Annahme Jochs et al. (2002) decken, dass, zumindest im kryotherapeutischen Bereich, die hoch dosierte Kälte einer Kältekammer (ca. -110°C) die positiven Effekte einer solchen Therapie, wie Schmerzlinderung, Entzündungshemmung und die Kraftfähigkeit von Rheumapatienten, im Vergleich zur Kühlung mit Eis verstärkt. Darüber hinaus konnten Mitchell et al. (2001) zeigen, dass ein intensiveres Precooling (geringere Kühltemperatur) dem Körper mehr

Wärme entzieht, als ein weniger intensives, ohne zwangsläufig zu einem stärkeren Absinken der Körperkerntemperatur zu führen. Wenn die Körperkerntemperatur jedoch nicht sinkt, kann die zusätzlich abgegebene Wärme nur das Resultat einer verstärkten Kühlung peripherer Gewebsschichten sein, was zu einer Erhöhung der Wärmeaufnahmekapazität in der nachfolgenden Belastung führen würde, ohne hypothermiebedingte Leistungseinbußen hervorzurufen (Bergh und Ekblom 1979). Dass dies unter Hitzebedingungen zu einer Verbesserung der Ausdauerleistung beitragen kann, zeigen zum Beispiel die Untersuchungen von Booth et al. (1997) und Kay et al. (1999).

VI.3.2.2 Hauttemperatur

Die Untersuchung hat gezeigt, dass die Hauttemperatur mit Einsetzen der Kühlmaßnahmen stark abfällt und über den gesamten Testverlauf niedriger bleibt als in CONTROL. Vor dem Hintergrund der Bedeutung der Hauttemperatur für die Thermoregulation und die Hämodynamik liegt es daher nahe, einen Zusammenhang zwischen der Hauttemperatur und der Leistungsverbesserung anzunehmen.

<u>Hauttemperatur und Leistung</u>

In keiner der drei Testbedingungen besteht eine signifikante Korrelation zwischen der durchschnittlichen Hauttemperatur im Intervall vom Start des Zeitfahrens bis zum Abbruch oder bis zum Abbruchzeitpunkt des Tests mit der geringsten Leistung. Der Grund hierfür könnte darin liegen, dass sich die Hauttemperatur im Verlauf der Kühltests der im Kontrolltest annähert, wie Arngrimsson et al. (2004) dies beobachten konnten. Hinzu kommt, dass die Probanden in der Regel nach Precooling länger bis zum Erreichen des PVF fuhren und somit die Aussagekraft eines Vergleiches durchschnittlicher Hauttemperaturen über den Gesamtzeitraum relativiert wird.

Betrachtet man allerdings die mittleren Hauttemperaturen an einzelnen Messzeitpunkten, so finden sich hier in allen drei Bedingungen signifikante Korrelationen zur Leistung und zwar der Art, dass geringere Hauttemperaturen an den einzelnen Punkten zu einer höheren Leistung führten, was die Erkenntnisse Marsh und Sleiverts (1999) bestätigt. Allerdings liegen in diesem Zusammenhang deutliche Unterschiede zwischen den drei Testbedingungen vor. In CONTROL bestehen zu jedem Messzeitpunkt bis Minute 5 des Zeitfahrtests mittlere bis hohe, signifikante Korrelationen. In WESTE findet sich während der Vorbereitungsphase allein in Minute 10 eine signifikante Korrelation und dann erst wieder von Minute 2,5 bis 7,5 des Zeitfahrtests. In CRYO5 existiert einzig in Minute 7,5 des Zeitfahrtests eine signifikante Korrelation zwischen der Hauttemperatur und der Leistung.

	Min. 10 (VP)	Min. 15 (VP)	Min. 20 (VP)	Min. 2,5 (TT)	Min. 5 (TT)	Min. 7,5 (TT)
t-PVF CONTROL	-0,720 $p \leq 0{,}012$	-0,610 $p \leq 0{,}046$	-0,617 $p \leq 0{,}043$	-0,607 $p \leq 0{,}048$	-0,731 $p \leq 0{,}011$	-
t-PVF CRYO5	-	-	-	-	-	-0,674 $p \leq 0{,}023$
t-PVF WESTE	-0,788 $p \leq 0{,}004$	-	-	-0,876 $p \leq 0{,}000$	-0,777 $p \leq 0{,}005$	-0,718 $p \leq 0{,}013$

Tab. 34 Korrelationskoeffizienten nach Pearson zwischen Hauttemperatur und Leistung in der Vorbereitungsphase (VP) und dem Zeitfahrtest (TT) mit zugehörigen Signifikanzen.

Wie aus Tabelle 33 hervorgeht, scheint vor allem in der Vorbereitungsphase, also während der Kühlung in den Kühltests, und in CRYO5 auch in den ersten Minuten des Zeitfahrens, der Zusammenhang zur Leistung in WESTE und CRYO5 durch die Kälte eliminiert. Die Korrelation in Minute 10 in WESTE ist möglicherweise durch das langsamere Absinken der Hauttemperatur durch diese weniger intensive Kühlmaßnahme erklärbar.
Da unter keiner der drei Bedingungen die Abbruchhauttemperatur mit dem Zeitfahrresultat korreliert, ist nicht davon auszugehen, dass die Temperatur der Haut der begrenzende Faktor der Leistung im Sinne einer kritischen Hauttemperatur ist, ab deren Erreichen die Leistung stark absänke oder völlig eingestellt werden müsste, wie Gonzalez-Alonso et al. (1999) und Tucker et al. (2004) dies für bestimmte Körperkerntemperaturniveaus annehmen. Es bestünden allerdings zuvor keine Korrelationen zur Leistung, wenn die Hauttemperatur nicht auf bestimmte Weise Einfluss auf andere Parameter hätte und somit indirekt die Leistung beeinflussen würde, was im Folgenden zu untersuchen sein wird.

Hauttemperatur und Körperkerntemperatur

In der vorliegenden Untersuchung wurden keine signifikanten Korrelationen zwischen der Hauttemperatur und der Körperkerntemperatur gefunden, obwohl die Körperkerntemperatur in beiden Kühlbedingungen im Durchschnitt sowohl im aktiven (hier nur CRYO5) als auch im passiven Teil der Vorbereitungsphase sowie im anschließenden Zeitfahren signifikant unter der in CONTROL liegt. Die Tatsache, dass es durch keine der beiden Precoolingmaßnahmen zu einer Absenkung der Körperkerntemperatur auf Werte unterhalb der am Beginn der Vorbereitungsphase kam, sondern auch in den Kühltests ein Anstieg der Körperkerntemperatur gemessen wurde, deckt sich mit den Erkenntnissen Duffields et al. (2003). Die Auswirkungen der Hauttemperatur auf die Körperkerntemperatur scheinen also zeitverzögert aufzutreten, wenn die kälteinduzierte, erhöhte Wärmeaufnahmekapazität oberflächlicher Gewebsschichten wirksam wird (Kay et al. 1999). Dieser Zusammenhang könnte erklären, weshalb keine signifikanten Korrelationen zwischen den beiden Parametern gefunden wurden, obwohl die auftretende Reduktion der Körperkerntemperatur in den Kühltests im Vergleich zu CONTROL eine Folge der Hautkühlung sein muss, da keine andere Form der Kühlung, zum Beispiel über kalte Getränke, erfolgte.

Hauttemperatur und Herzfrequenz

Die durchschnittlichen Hauttemperaturen, sowohl in der Vorbereitungsphase als auch im Zeitfahrtest, liegen unter Kühlbedingungen höchst signifikant unter denen in CONTROL. Auch die durchschnittliche Herzfrequenz in diesen Zeiträumen liegt in den Kühltests unter der der Kontrollbedingung, allerdings sind diese Unterschiede nur in CRYO5 signifikant. Den Erkenntnissen Nishiyasus et al. (1992) zufolge steht die Höhe der Hautdurchblutung in direktem Zusammenhang zur lokalen Hauttemperatur. Verringert sich diese, wie in den Kühltests beobachtet, so kommt es in den gekühlten Hautarealen zu einer Verringerung der Perfusion. Folgte man den Erkenntnissen der zusammenfassenden Darstellung Rowells (1986, S. 363-406) zu den Ursachen der cardiovascular drift (CVD), also unter Anderem der Verringerung des Herzschlagvolumens und der Erhöhung der Herzfrequenz im Laufe einer längeren Belastung, so führte eine Verringerung der Hautperfusion durch Kühlung zu einem erhöhten ventrikulären Fülldruck und damit zu einem höheren Herzschlagvolumen und einer geringeren Frequenz. Die Annahme eines solchen Zusammenhangs deckt sich mit den Erkenntnissen dieser Studie, in der unter Kontrollbedingungen eine hohe (0,795), signifikante ($p \leq 0{,}003$) Korrelation zwischen der Hauttemperatur und der Herzfrequenz am Ende der Vorbereitungsphase und eine hohe (0,772), signifikante ($p \leq 0{,}005$) Korrelation in Minute 5 des Zeitfahrtests besteht, unter Kühlbedingungen jedoch hier kein Zusammenhang gefunden wurde. Geht man desweiteren davon aus, dass die kälteinduzierte Reduktion der Hautperfusion nicht allein zu einem größeren „Blutangebot“ am rechten Ventrikel führt, sondern, wie Lee und Haymes (1995) postulieren, auch möglicherweise eine Verbesserung der muskulären Blutversorgung bewirkt, wären die in den Kühltests durchweg geringeren Blutlaktatkonzentrationen mit einer erhöhten Sauerstoffversorgung der Muskulatur erklärbar (Marsh und Sleivert 1999). Vor dem Hintergrund dieser Überlegungen wäre ein direkter Einfluss der Kühlmaßnahmen auf die Hämodynamik denkbar. Die Ergebnisse verschiedener Untersuchungen zeigen jedoch, dass die Zunahme der Hautperfusion bei Belastung unter Hitzebedingungen ohne Kühlung zeitlich nicht mit der Abnahme des Herzschlagvolumens korreliert, was als Dissoziation von Hauttemperatur und CVD interpretiert werden könnte (Fritzsche et al. 1999; Nose et al. 1994). Es wurde daher ein möglicher Zusammenhang zwischen dem verringerten Herzschlagvolumen und der Körperkerntemperatur angenommen. Die unter Hitzestress geringere Blutversorgung der Skelettmuskulatur

(Gonzalez-Alonso und Calbet 2003) wäre nach dieser Annahme nicht das Resultat einer „Konkurrenz“ um Anteile am Blutvolumen zwischen Haut und Muskulatur, sondern die Folge einer möglicherweise hautdurchblutungsunabhängigen, körperkerntemperaturinduzierten Verringerung des Herzschlagvolumens.

Hauttemperatur und Blutlaktatkonzentration

In keiner der Testbedingungen fanden sich signifikante Korrelationen zwischen der Hauttemperatur und der Blutlaktatkonzentration. Dieser Befund unterstützt die Hypothese Gonzalez-Alonso und Calbets (2003), dass die durch Kälte induzierte verringerte Hautperfusion keinen direkten Einfluss auf die Blutversorgung der Muskulatur hat.

Hauttemperatur und Körperfettanteil

Zwischen der durchschnittlichen Hauttemperatur in der Vorbereitungsphase oder den Zeitfahrtests und dem Körperfettanteil wurden in dieser Untersuchung keine signifikanten Korrelationen gefunden. Zu einzelnen Messzeitpunkten traten jedoch in CONTROL und WESTE signifikante Korrelationen auf. In CONTROL liegen diese in Minute 20 der Vorbereitungsphase (-0,705; $p \leq 0,015$), also zu Beginn der Zeitfahrbelastung, und nach den ersten 2,5 Minuten des Zeitfahrens vor (-0,833; $p \leq 0,001$). In WESTE fanden sich erst in Minute 5, 7,5 und 10 signifikante Korrelationen (Min.5: -0,706; $p \leq 0,015$/ Min. 7,5: -0,715; $p \leq 0,013$/ Min. 10: -0,714; $p \leq 0,020$). Einfache lineare Regressionsanalysen bestätigen, dass hier jeweils höhere relative Körperfettanteile mit geringeren Hauttemperaturen an den entsprechenden Messzeitpunkten einhergingen. Nähme man an, höhere relative Körperfettanteile der Probanden bedeuteten auch gleichzeitig höhere Anteile subkutanen Fettgewebes, wäre dieser Befund vor dem Hintergrund einer verbesserten Wärmeisolation erklärbar. Die geringe Gefäßdichte des subkutanen Fettgewebes könnte ein Grund sein, dass das belastungsbedingt aufgewärmte Blut aus dem Körperkern nicht so leicht an die Körperoberfläche gelangt, wie dies bei weniger stark ausgeprägtem Unterhautfettgewebe der Fall wäre (Hayward und Keatinge 1981). Mit der Annahme eines solchen Isolationsmechanismus’ wäre unter Umständen ebenfalls zu erklären, weshalb die durchschnittliche Hauttemperatur während des Zeitfahrens in WESTE niedriger liegt als in CRYO5, die durchschnittliche Körperkerntemperatur in diesem Intervall jedoch in CRYO5 niedriger liegt. Das setzt allerdings voraus, dass ein derartiger Isolationseffekt in CRYO5 nicht in gleichem Maße besteht, was durch das Fehlen einer Korrelation zwischen Hauttemperatur und Körperfettanteil in dieser Testbedingung bestätigt würde. Mögliche Ursachen hierfür lassen sich jedoch aus den vorhandenen Ergebnissen nicht ableiten, zumal keine unmittelbaren Erkenntnisse zur Qualität des individuellen subkutanen Fettgewebes vorliegen.

VI.3.2.3 Körperkerntemperatur

Körperkerntemperatur und Leistung

Die Körperkerntemperatur beim Abbruch der Belastung unterscheidet sich in den drei Testbedingungen nicht signifikant. Die Tatsache, dass im Mittel jedoch in den Kühltests signifikant länger gefahren wurde, bis diese Abbruchtemperatur erreicht wurde, könnte die Annahme einer kritischen Körperkerntemperatur, wie sie Gonzalez-Alonso et al. (1999) postulierten, bestätigen, obwohl die mittleren, tympanal gemessenen Abbruchtemperaturen in dieser Untersuchung mit 39,39 (CONTROL), 39,38 (CRYO5) und 39,30°C (WESTE) niedriger liegen, als die von Gonzalez-Alonso et al. (1999) im Ösophagus ermittelten 40,1 – 40,2°C. Dies muss jedoch, wie Montain et al. (1994) annehmen, kein Widerspruch sein, da offenbar die Fähigkeit, hohe Körperkerntemperaturen zu tolerieren, in Zusammenhang mit der Höhe der Ausdauerleistungsfähigkeit steht.
Betrachtet man die Körperkerntemperaturen der einzelnen Probanden zu den unterschiedlichen Messzeitpunkten, so finden sich nur in CONTROL und WESTE hohe (0,840; 0,821) und signifikante ($p \leq 0{,}001$; $p \leq 0{,}002$) Korrelationen zwischen der Körperkerntemperatur beim Abbruch und der Leistung. Die zugehörigen linearen Regressionsgleichungen unterstützen den Zusammenhang, dass in diesen beiden Bedingungen eine höhere Körperkerntemperatur beim Abbruch mit einer höheren Leistung einhergeht, was die Ergebnisse Montains et al. (1994) bestätigen würde:

CONTROL: Zeit bis PVF = 352,887 ($p \leq 0{,}001$) x KKT_{abb} – 13039,3 ($p \leq 0{,}002$)
WESTE: Zeit bis PVF = 496,231 ($p \leq 0{,}002$) x KKT_{abb} – 18500,5 ($p \leq 0{,}003$)

Da sich jedoch die mittleren Körperkerntemperaturen beim Abbruch in den drei Bedingungen nicht signifikant unterscheiden und die Werte sehr dicht beisammen liegen, überrascht das Fehlen einer derartigen Korrelation in CRYO5. Leistung und Körperkerntemperatur beim Abbruch scheinen hier in einer bestimmten Form entkoppelt zu sein. Wenn dies der Fall sein sollte, erreichten die Probanden zwar in CRYO5 ähnliche Abbruchwerte bei der Körperkerntemperatur wie in den anderen Bedingungen, diese könnten aber für die Fortsetzung der Leistung nicht kritisch sein. Dieser Widerspruch ist möglicherweise durch die Annahme aufzulösen, dass die Körperkerntemperatur nicht allein, sondern nur in Zusammenhang mit der Herzfrequenz für die Leistung kritisch ist.

Körperkerntemperatur und Herzfrequenz

Fritzsche et al. (1999) und Bergh und Ekblom (1979) fanden hohe Korrelationen zwischen der Herzfrequenz und der Körperkerntemperatur, welche als Indikator für eine Kopplung der beiden Parameter interpretiert werden könnte. Coyle und Gonzalez-Alonso (2001) nehmen diesen Gedanken auf und nennen zwei mögliche Wirkmechanismen hinter einer solchen Kopplung: 1.) Eine Erhöhung der Körperkerntemperatur wirkt direkt auf die intrinsische Herzfrequenzregulation. 2.) Die erhöhte Körperkerntemperatur bewirkt eine Steigerung der Sympathikusaktivität. Da jedoch bisher nicht vollständig erklärt wurde über welche Mechanismen eine Körperkerntemperaturerhöhung die Herzfrequenz beeinflusst und zu gesamtsystemischer Erschöpfung führt (Gonzalez-Alonso et al. 1999), kann an dieser Stelle über die Ursachen des fehlenden Zusammenhangs zwischen der Körperkerntemperatur beim Abbruch und der Leistung nur spekuliert werden. Es bleibt allerdings festzustellen, dass, im Gegensatz zu den Untersuchungen Gonzalez-Alonsos et al. (1999) und Marsh und Sleiverts (1999), in CRYO5 die Abbruchherzfrequenz signifikant ($p \leq 0,003$) unter der in CONTROL lag. Würde also die Körperkerntemperatur nicht allein eine Erschöpfung induzieren, sondern nur in Verbindung mit einer kritisch hohen Herzfrequenz, so würde unter Umständen in CRYO5 die Leistung auf Grund der niedrigeren Herzfrequenz, trotz hoher Körperkerntemperatur, nicht antizipativ heruntergeregelt, wie dies Tucker et al. (2004) postulieren.

Körperkerntemperatur und Blutlaktatkonzentration

Neben der Untersuchung der Auswirkungen der Körperkerntemperatur auf die Leistung und die Herzfrequenz erscheint es vor dem Hintergrund der in verschiedenen Studien bestätigten negativen Einflüsse hoher Körperkern- und Muskeltemperaturen auf den muskulären Stoffwechsel (Brooks et al. 1971; Febbraio et al. 1994; Febbraio et al. 1996) sinnvoll, mögliche Zusammenhänge zwischen der Körperkerntemperatur und der Blutlaktatkonzentration zu untersuchen.

Einzig in CRYO5 besteht an einem Punkt eine signifikante Korrelation zwischen der Körperkerntemperatur und der Blutlaktatkonzentration, wohingegen in CONTROL und WESTE zu keinem Zeitpunkt signifikante Korrelationen zwischen diesen Parametern gefunden wurden. Die Korrelation in CRYO5 (0,666) besteht zwischen der Ausgangskerntemperatur und -blutlaktatkonzentration zu Beginn des Zeitfahrens und ist auf dem Niveau von $p \leq 0,025$ signifikant. Eine einfache lineare Regressionsanalyse ergab ebenfalls, dass hier eine höhere Körperkerntemperatur ($KKT_{Start\ TT}$) mit einer höheren Blutlaktatkonzentration ($BL_{Start\ TT}$) einhergeht.

CRYO5: $BL_{Start\ TT} = 0{,}845\ (p \leq 0{,}025) \times KKT_{Start\ TT} - 29{,}319\ (p \leq 0{,}035)$

Dieses Ergebnis deckt sich mit den Erkenntnissen Febbraios et al. (1996), die einen ähnlichen Zusammenhang feststellten. Allerdings ist auffällig, dass in CONTROL und WESTE kein solcher Zusammenhang gefunden wurde, obwohl sich die Körperkerntemperaturwerte zu diesem Zeitpunkt in den drei Bedingungen nicht signifikant unterscheiden.

Möglicherweise ist die Blutlaktatkonzentration in der vorliegenden Studie insgesamt weniger abhängig von der Körperkerntemperatur als vielmehr von der Herzfrequenz. Wäre dies der Fall, bestünde in CRYO5 nur deshalb eine Korrelation zur Körperkerntemperatur, weil diese, wie oben angenommen wurde, mit der Herzfrequenz gekoppelt ist, welche sich in CRYO5 im Mittel im aktiven Teil der Vorbereitungsphase signifikant (zu CONTROL: $p \leq 0{,}040$; zu WESTE: $p \leq 0{,}005$) von den beiden anderen Tests unterscheidet, wohingegen die Herzfrequenzunterschiede zwischen CONTROL und WESTE in diesem Intervall nicht signifikant sind. Es wäre also denkbar, dass nicht die Körperkerntemperatur allein das ausschlaggebende Moment für die Höhe der Blutlaktatkonzentration ist, sondern nur eine bestimmte Kombination von Körperkerntemperatur und Herzfrequenz.

VI.3.2.4 Herzfrequenz

Herzfrequenz und Leistung

Die durchschnittliche Herzfrequenz in der Vorbereitungsphase liegt in beiden Kühltests unter der in CONTROL, allerdings sind diese Unterschiede nur in CRYO5 signifikant (aktive VP: $p \leq 0{,}040$; passive VP: $p \leq 0{,}025$). Besonders auffällig jedoch ist das deutlich schnellere Absinken der Herzfrequenz in beiden Kühlbedingungen in der passiven Vorbereitungsphase, also der Ruhepause zwischen aktiver Vorbereitung und Zeitfahrtest, was dazu führt, dass die mittlere Herzfrequenz zu Beginn des Zeitfahrens in CRYO5 und WESTE um 12,83 und 11,54% signifikant ($p \leq 0{,}045$; $p \leq 0{,}045$) niedriger liegt als in CONTROL. Dies zeigt, dass weder das hier durchgeführte Precooling mit einer Kühlweste, noch das hoch dosierte Precooling über das Kryotherapiegerät (ca. -30°C) die Herzfrequenz über eine Sympathikusstimulation erhöht, wie Taghawinejad et al. (1989) dies während der Kälteapplikation in einer Kältekammeruntersuchung (ca. -110°C) ermittelten.

Vielmehr würde hier die Annahme Jochs et al. (2003) bestätigt, dass die Kälte eher den vagotonen Einfluss stärkt, was unter Umständen auch zu einer verbesserten Erholung und Regeneration in der Ruhepause zwischen der aktiven Vorbereitung und dem Zeitfahrtest führt.
Auch während des anschließenden Zeitfahrens liegt die Herzfrequenz in beiden Kühlbedingungen im Mittel unter der im Kontrolltest. Der Unterschied ist jedoch nur in CRYO5 im Intervall vom Start bis zum Abbruchzeitpunkt des Tests mit der geringsten Leistung (PVF_m) signifikant ($p \leq 0,019$). Zum Zeitpunkt des Abbruchs jedes einzelnen Tests (PVF) liegt die Herzfrequenz in CRYO5 signifikant ($p \leq 0,002$) unter der in CONTROL. Auch in WESTE ist die Herzfrequenz an diesem Punkt im Mittel niedriger, jedoch liegt hier keine Signifikanz vor. Die Probanden erreichen also in CRYO5 und im Mittel auch in WESTE nicht die gleiche Herzfrequenz wie im Kontrolltest ohne Kühlung. In Übereinstimmung mit diesem Ergebnis steht der Befund, dass die Herzfrequenz ausschließlich in CONTROL mit der Leistung signifikant korreliert, nämlich am Ende der Vorbereitungsphase und in Minute 5 des Zeitfahrens.

Die durchgeführten Precoolingmaßnahmen scheinen also geeignet, die Herzfrequenz während der Kühlung selbst aber auch in der nachfolgenden Belastung zu senken und möglicherweise den Zusammenhang dieses Beanspruchungsindikators mit der Leistung zu verringern. Die beschriebene Reduktion der Herzfrequenz durch Precooling steht in Übereinstimmung mit den Ergebnissen zahlreicher Untersuchungen, zum Beispiel von Bergh und Ekblom (1979), Marsh und Sleivert (1999), Joch et al. (2003) und Webborn et al. (2005).

Herzfrequenz und Blutlaktatkonzentration

Wie oben beschrieben, führten die durchgeführten Kühlmaßnahmen zu einer Absenkung der Herzfrequenz während und nach der Kühlung. Untersucht man die Blutlaktatkonzentrationen zu den drei Messzeitpunkten, so liegen die Werte bei der ersten Messung zu Beginn des Zeitfahrens in den Kühltests um 12,03 (CRYO5) und 11,28% (WESTE) unter denen in CONTROL. Der Unterschied in den Mittelwerten ist an dieser Stelle nur zwischen WESTE und CONTROL signifikant. Am zweiten Messzeitpunkt unterscheiden sich die mittleren Blutlaktatkonzentrationen zwischen allen drei Tests nicht signifikant. Bei den in den ersten 60 Sekunden nach Abbruch gemessenen Blutlaktatkonzentrationen liegen allein die Mittelwerte in CRYO5 signifikant ($p \leq 0,044$) und hoch signifikant ($p \leq 0,001$) unter denen in CONTROL und WESTE. Berücksichtigt man die im Vergleich zu CONTROL in CRYO5 signifikant niedrigere Herzfrequenz am PVF und im In-

tervall vom Start des Zeitfahrens bis zum PVF_m, so liegt es nahe, einen Zusammenhang zwischen der Herzfrequenz und der Blutlaktatkonzentration anzunehmen.
Das Auftreten mittlerer bis hoher, signifikanter Korrelationen zwischen der Herzfrequenz und der Blutlaktatkonzentration an einzelnen Messzeitpunkten in allen drei Bedingungen unterstützt diese Annahme. Nimmt man weiterhin an, dass eine verringerte Herzfrequenz möglicherweise die Blutversorgung der arbeitenden Muskulatur verbessert (Gonzalez-Alonso und Calbet 2003), so würde dies den beschriebenen Zusammenhang zwischen der Herzfrequenz und der Blutlaktatkonzentration insofern erklären, dass eine bessere Durchblutung der Muskulatur zu einer Erhöhung des aeroben Anteils an der Energieumsetzung führen könnte (Marsh und Sleivert 1999). Eine Verringerung der Herzfrequenz würde demnach zu einer Absenkung der Blutlaktatkonzentration führen.
Nun konnten jedoch Aduen et al. (2002) an Mastschweinen zeigen, dass die Injektion einer neutralen Sodium-Laktat-Lösung zu einer Erhöhung der Herzfrequenz führte. Da die Autoren das gleiche Herzfrequenzverhalten nach einer derartigen Behandlung auch beim Menschen annehmen, könnte der Zusammenhang zwischen Herzfrequenz und Blutlaktatkonzentration auch umgekehrt verlaufen, dass nämlich die Laktatanhäufung zu einer erhöhten Herzfrequenz führt. Es wäre aber auch eine Kombination beider Mechanismen denkbar, deren Ursachen sich dann selbst bedingten.
Da die Blutversorgung der Arbeitsmuskulatur in dieser Studie nicht untersucht wurde, ermöglichen die vorliegenden Daten an dieser Stelle keinen weiteren Aufschluss über den Zusammenhang von Herzfrequenz und Blutlaktatkonzentration.

Herzfrequenz und Alter

In CONTROL, CRYO5 und WESTE finden sich hohe, höchst signifikante Korrelationen zwischen dem Alter und der Abbruchherzfrequenz (-0,871 [$p \leq 0,000$]; -0,884 [$p \leq 0,000$]; -0,881 [$p \leq 0,000$]). Obwohl grundsätzlich der altersabhängige Abfall der maximalen Herzfrequenz gut dokumentiert ist (Pollock et al. 1993), überrascht die Höhe der Korrelationen in dieser Untersuchung, in der alle Teilnehmer mindestens 18 und keiner älter als 30 Jahre alt war. Nach Zimmer und Zimmer (2005, S. 834) treten die altersbedingten, morphologischen Veränderungen im kardiovaskulären System erst ab dem 30. Lebensjahr auf, welches in dieser Untersuchung nur ein Proband vollendet hatte. Die Autoren stellen jedoch auch fest, dass es bereits ab dem 20. Lebensjahr zu einer beginnenden Versteifung des linken Ventrikels kommt. Neben anderen Faktoren könnte ein solcher, altersbedingter Prozess dazu beitragen, die fortschreitende Verringerung der maximalen Sauerstoffaufnahme und damit die Ausdauerleistungsfähigkeit zu verringern (Tanaka und Seals 2003). Es wäre denkbar, dass dieser Mechanismus die unter Hitzebedingungen ohnehin größere Belastung des kardiovaskulären Systems (Wilmore und Costill 2004, S. 315) noch zusätzlich verstärkt und auf diese Weise die hohen Korrelationen zwischen Abbruchherzfrequenz und Alter zu erklären wären. Da jedoch die Kühlmaßnahmen offenbar keinen Einfluss auf den Zusammenhang zwischen Alter und maximaler Herzfrequenz haben und die fehlende altersbezogene Variationsbreite in der Probandenstichprobe keine weiteren Aussagen zu diesem Zusammenhang zulassen, soll auf jenen an dieser Stelle nicht weiter eingegangen werden.

VI.3.2.5 Blutlaktatkonzentration

Wie Grassi et al. (1999) zeigen konnten, korreliert die Höhe der Laktatakkumulation im Blut mit dem Rückgang der muskulären Sauerstoffversorgung bei zunehmender Ausdauerdauerbelastung, da die Muskelzellen offenbar vermehrt auf anaerobe Energieumsetzungsprozesse zurückgreifen. Anaerobe Stoffwechselvorgänge können jedoch aus einer gegebenen Menge Glukose oder Glykogen nur deutlich weniger ATP-Moleküle synthetisieren, als im aeroben Metabolismus, was sich nachteilig auf die Ausdauerleistungsfähigkeit auswirken kann (Markworth 2001, S. 251). Vor diesem Hintergrund wäre in dieser Arbeit ein Zusammenhang des Leistungskriteriums mit der Höhe der Blutlaktatkonzentrationen erklärbar.
Nach Beendigung der Vorbereitungsphase und damit zu Beginn des Zeitfahrtests korreliert die Blutlaktatkonzentration allerdings in keiner der Testbedingungen mit der gefahrenen Zeit bis zum Abbruch des Zeitfahrtests, also der Leistung. Sehr wohl finden sich aber in CONTROL und WESTE mittlere (-0,649; -0,692), signifikante ($p \leq 0{,}031$; $p \leq 0{,}018$) Korrelationen zwischen diesen Parametern in Minute 5 des Zeitfahrens. Beim Abbruch der Belastung korreliert die Blutlaktatkonzentration allein in WESTE (-0,635) und CRYO5 (-0,624) signifikant ($p \leq 0{,}036$; $p \leq 0{,}040$) mit der Leistung. Aus diesen Ergebnissen ergibt sich die Frage, weshalb diese Korrelationen in den drei Bedingungen zu unterschiedlichen Zeiten auftreten. Das Fehlen von Korrelationen nach Beendigung der Vorbereitungsphase lässt sich möglicherweise dadurch erklären, dass hier zwar die Blutlaktatkonzentrationen in den Kühltests unterhalb derer in der Kontrollbedingung liegen, es aber bis Minute 5 des Zeitfahrens zu einer Angleichung dieser Werte kommt. Hierdurch wäre erklärbar, dass die Blutlaktatwerte, die vor diesem Zeitpunkt gemessen wurden, nicht mit der Zeit bis zum Abbruch korrelieren. Die Tatsache, dass nur in WESTE und CRYO5 signifikante Korrelationen zwischen der Abbruchblutlaktatkonzentration und der Leistung gefunden wurden, deutet unter Umständen darauf hin, dass in CONTROL an dieser Stelle andere Parameter, wie zum Beispiel die im Vergleich zu den Kühltests höhere Herzfrequenz, für den Abbruch der Leistung „entscheidender" sind und die Blutlaktatkonzentration an dieser Stelle nicht mehr mit der Leistung korreliert.

Der Befund, dass die geringsten Blutlaktatwerte beim Abbruch der Belastung im Test mit der höchsten mittleren Leistung, in CRYO5, auftraten, steht den Ergebnissen Booths et al. (1997) gegenüber, die am Ende eines maximal schnellen 30 minütigen Laufes eine im Vergleich zur Kontrollbedingung signifikant ($p \leq 0{,}010$) höhere Blutlaktatkonzentration in der Precoolingbedingung fanden. Die Autoren führen dies allerdings auf die höhere Laufgeschwindigkeit nach Precooling zurück und stellen eine möglicherweise grundsätzlich blutlaktatkonzentrationssenkende Wirkung der Kälte, wie sie Joch et al. (2003) und Joch und Ückert (2005/06) fanden, nicht in Frage. Das Ergebnis der vorliegenden Untersuchung, in der die Probanden in CRYO5, trotz längerer Belastung und somit höherer Leistung, beim Abbruch signifikant niedrigere Blutlaktatkonzentrationen aufwiesen, deutet auf größere kardiovaskuläre Effekte durch diese Form des Pecoolings hin, als sie bisher in der Literatur beschrieben wurden.

VII. Abschlussbetrachtung und Perspektiven

Der Ausgangspunkt der vorliegenden Untersuchung war, dass bei sportlicher Belastung im Allgemeinen und beim Radfahren im Speziellen ca. 80% der vor allem in der Muskulatur umgesetzten Energie als Wärme frei werden (Bridge und Febbraio 2002, S. 44). Die folglich im Vergleich zur Ruhe erhöhte Wärmebildung muss durch eine verstärkte Wärmeabgabe kompensiert werden, um eine thermoregulatorische Homöostase zu gewährleisten. Die Mechanismen der Vasomotorik und die Perspiration ermöglichen es dem Organismus in einer solchen Situation, durch mitunter erheblichen thermoregulatorischen „Aufwand", den Grad der Wärmeabgabe über Konduktion und Konvektion zu erhöhen. Besonders unter Hitzebedingungen und in Abhängigkeit von der Belastung können diese Mechanismen an ihre Grenzen stoßen und es kommt zu einem Anstieg der Körpertemperaturen. Erreicht die Temperatur im Körperkern kritische Werte (Walters et al. 2000; Gonzalez-Alonso 1999) und kann die Wärmeabgabe nicht weiter erhöht werden, so muss das thermoregulatorische Gleichgewicht durch eine Verringerung der Wärmebildung wiederhergestellt werden, was unter sportlicher Belastung in erster Linie eine Reduktion der muskulären Energieumsetzung bedeutet – die Leistung nimmt ab oder muss gegebenenfalls völlig eingestellt werden.

In der vorliegenden Studie wurde die hieraus resultierende Frage untersucht, inwiefern unterschiedliche Kühlmaßnahmen die Ausdauerleistung im Radfahren beeinflussen können. Hierzu wurde eine empirische Untersuchung an leistungsorientierten Radsportlern unter Laborbedingungen durchgeführt. Die Tests fanden bei mittleren 31,44 (± 0,70)°C Raumtemperatur und 48,27 (± 4,65)% relativer Luftfeuchtigkeit statt. Die Testpersonen fuhren an drei verschiedenen Testtagen auf dem Fahrradergometer bei 90% ihrer in einem vorausgegangenen Eingangsstufentest ermittelten maximalen Ausdauerleistungsfähigkeit. Die Anwendung der Kühlmaßnahmen erfolgte während einer 20-minütigen Vorbereitungsphase (Precooling), in deren ersten 15 Minuten ein aktives Belastungsvorbereitungsprogramm („Aufwärmen") auf dem Ergometer absolviert wurde. Von Minute 16 bis 20 wurden die Testpersonen sitzend, unter Ruhebedingungen weitergekühlt. Die Kälteapplikation erfolgte entweder durch die Kühlweste der Firma Eppler oder das Kryotherapiegerät Cryo5 der Firma Zimmer.

Das hier gewählte Testdesign war bisher so nicht durchgeführt worden (siehe Kap. IV – Forschungsstand). In Bezug auf die Kühlmaßnahmen ist die Kälteapplikation über eine Weste bereits vielfach in Untersuchungen zum Precooling eingesetzt worden (z.B. Arngrimsson et al. 2004;

Cheung und Robinson 2004; Webborn et al. 2005). Eine Verwendung des Cryo5 oder eines ähnlichen Kryotherapiegerätes im Sinne des Precoolings ist bisher in der Literatur nicht dokumentiert.

In der vorliegenden Studie kam es in den durchgeführten Tests, nach Kälteapplikation über den Cryo5 und die Kühlweste während der Vorbereitungsphase, zu einer hoch signifikanten Verbesserung der Ausdauerleistung um 25,20 beziehungsweise 16,28%. Bei beiden Tests wurden eine thermoregulatorische Entlastung des Organismus' und eine Absenkung sowohl der Herzfrequenz als auch der Blutlaktatkonzentrationen beobachtet. Der Einfluss auf das Herzkreislaufsystem war jedoch im Test mit Cryo5-Kühlung stärker ausgeprägt als beim Einsatz der Weste. Auf Grund der Erkenntnisse der Ergebnisanalyse und –diskussion wird angenommen, dass die um 8,92% größere Ausdauerleistung in CRYO5 verglichen mit WESTE zwar nicht signifikant ist, dennoch aber nicht zufällig zustande kam, sondern als Resultat der intensiveren Kühlung (-30°C) zu interpretieren ist.

Die Ergebnisse zeigen, dass der vermeintliche Widerspruch von „Aufwärmen" und „Precooling" allein ein terminologischer zu sein scheint. Durch die Kombination beider Maßnahmen ist es offenbar möglich, identische Belastungsvorbereitungsprogramme zu absolvieren, hierdurch jedoch thermoregulatorisch und kardiovaskulär weniger stark beansprucht zu werden. Auf diese Weise könnte es gelingen, eine unter Umständen vorbereitungsinduzierte Vorstarterschöpfung zu reduzieren, dennoch aber eine Erhöhung der Sauerstoffnahme zu gewährleisten, wie Bishop (2003) dies für ein zielführendes „Aufwärmen" fordert.

Neben der Herabsetzung der Vorstarterschöpfung, die möglicherweise auch mit der verbesserten Regeneration in der Ruhepause zwischen aktiver Vorbereitung und Zielbelastung in Zusammenhang steht, scheinen die hier durchgeführten und die in zahlreichen Studien dokumentierten (siehe Kap. IV - Forschungsstand) Precoolingmaßnahmen auch während der späteren Zielbelastung fortzuwirken. Sowohl in WESTE als auch in CRYO5 wurden während der Zeitfahrtests im Mittel geringere Haut- und Körperkerntemperaturen gemessen. Auch die mittlere Herzfrequenz und die ermittelten Blutlaktatkonzentrationen lagen in beiden Kühltests unter denen in CONTROL. Ob die Verringerung letzterer Werte die Folge der thermoregulatorischen Entlastung ist, oder ein anderer Mechanismus, beziehungsweise die Kombination mehrerer, als kausal zu betrachten ist, konnte in dieser Arbeit nicht abschließend geklärt werden. Der Befund, dass der Grad der Temperaturreduzierungen in den Zeitfahrtests beider Kühlbedingungen ähnliche Werte aufweist, in CRYO5 der Einfluss auf die Herzfrequenz und die Blutlaktatkonzentrationen aber deutlich ausgeprägter ist, deutet allerdings auf einen weiteren kälteinduzierten aber möglicherweise haut- und körperkerntemperaturunabhängigen Mechanismus hin. Unter Umständen käme hier ein Einfluss hoch dosierter Kältereize auf das parasympathische Nervensystem in Betracht (Joch et al. 2003).

Aus den vorliegenden Erkenntnissen dieser Studie lassen sich verschiedene Anwendungsoptionen für Wettkampf und Training ableiten.
Im Bereich des Radsports wäre es zum Beispiel denkbar, die Sportler während der Belastungsvorbereitung vor einem Wettkampfzeitfahren zu kühlen. Da diese Rennen, im Rahmen der großen Rundfahrten wie der Tour de France, dem Giro d'Italia oder der Vuelta a España, vielfach unter hohen Umgebungstemperaturen stattfinden und damit in aller Regel auch das stationäre Einfahren bei diesen Außenbedingungen erfolgt, wäre eine Verbesserung der Ausdauerleistung auch im Wettkampf denkbar. Hierzu wäre es jedoch notwendig, die in dieser Studie unter Laborbedingungen untersuchten Kühlmaßnahmen zunächst allgemein im Feld und unter Wettkampfbedingungen auf ihren Einfluss dort zu überprüfen, vor allem, da in der hier durchgeführten Untersuchung keine konvektive Kühlung durch Fahrtwind erfolgte, die die Ausprägung der Leistungsverbesserung unter Feldbedingungen verringern könnte, wie Morrison et al. (2006) dies postulieren. Es ist allerdings zu berücksichtigen, dass der Grad dieser Kühlung, vor allem beim Zeitfahren, durch die hier verwendeten, hochgeschlossenen Ganzkörperanzüge und die luftundurchlässigen Zeitfahrhelme begrenzt ist. Das Precooling könnte hier die leistungsnegativen Auswirkungen einer zu Gunsten der Aerodynamik eingeschränkten Wärmeabgabe durch die Erhöhung der Wärmeaufnahmekapazität peripherer Gewebsschichten möglicherweise kompensieren. Ähnliches gilt für das Bergzeitfahren, wo die konvektive Wärmeabgabe durch die vergleichsweise geringe Geschwindigkeit ebenfalls herabgesetzt ist, der Sportler aber hier, im Gegensatz zur Laborbedingung, einer stärkeren ultravioletten Strahlung ausgesetzt ist, die den thermischen Stress zusätzlich erhöhen kann.
Eine weitere Anwendungsmöglichkeit, vor allem der hoch dosierten Kühlung durch den Cryo5, könnte sich aus dem Befund ergeben, dass allein in dieser Testbedingung kein signifikanter Zusammenhang zwischen der Hauttemperatur und dem relativen Körperfettanteil gefunden wurde, was als Relativierung der, die Wärmeabgabe reduzierenden Isolationswirkung des subkutanen Fettgewebes interpretiert werden könnte (siehe Kap. VII.2.2.2 - Hauttemperatur). Würden weitere Untersuchungen, unter besonderer Berücksichtigung der Qualität und Ausprägung des Unterhautfettgewebes, eine solche Wirkung hoch dosierter Kälteapplikation bestätigen, böte der Einsatz des Precoolings eine Anwendungsperspektive in der sportbezogenen Übergewichts- und Adipositastherapie. Unter Anderem in diesem Zusammenhang wären auch weitere Untersuchungen zu den Auswirkungen der Kälteapplikation auf das Wohlbefinden und die Leistungsmotivation während der Belastung wünschenswert.

Der in der Ruhepause zwischen der aktiven Vorbereitungsphase und dem Start des Zeitfahrens beobachtete steilere Abfall der Herzfrequenz unter Kühlbedingungen deutet auf eine kälteinduzierte Verbesserung der kurzfristigen Regeneration hin. Eine derartige regenerative Wirkung der Kälteapplikation, wie sie auch bei Joch und Ückert (2004) nach Kälteapplikation in einer Kältekammer (-110°C) gefunden wurde, ließe eine Anwendung externer Kühlung in Belastungspausen in der Leichtathletik oder den Ballsportarten sinnvoll erscheinen, wobei hier besonders die Frage nach der Auswahl der zu kühlenden Körperbereiche für weitere Forschung von Interesse ist. Fördert beispielsweise die Kühlung der beanspruchten Muskulatur nach einer Belastung deren Regeneration (Yamane et al. 2006) oder beeinflusst eine Kälteapplikation im Bereich des Kopfes und damit des Gehirns die thermoregulatorischen Reaktionen des Zentralnervensystems auf Hitzestress (Nybo et al. 2002, Mariak et al. 1999, Noakes et al.2001)?

Vor dem Hintergrund dieser Fragen, den Ergebnissen der vorliegenden Studie, dem Forschungsstand und den möglichen Anwendungsperspektiven stellt sich weiterhin die Frage nach der „optimalen“ Precoolingmethode. In Abhängigkeit von der durch die verschiedenen Rahmenbedingungen vorgegebenen Praktikabilitätskriterien und der Art, Dauer und Intensität der Zielbelastung lassen sich die verschiedenen Precoolingmethoden durch die Veränderung von vier grundlegenden Variablen modifizieren. Dies sind der Zeitpunkt, die Dauer, der Ort und die Intensität der Kälteapplikation. Die Ergebnisse der vorliegenden Studie lassen sich unter Berücksichtigung dieser Faktoren wie folgt zusammenfassen:

Nach den hier, unmittelbar vor Belastungsbeginn, während einer 20-minütigen Vorbereitungsphase mit aktiver und passiver Komponente durchgeführten Kühlmaßnahmen im Bereich des Torsos, kam es in einem Zeitfahrtest (90% W_{max}) auf dem Fahrradergometer unter Hitzebedingungen (Labor) zu einer hoch signifikanten Verbesserung der Ausdauerleistung im Vergleich zur Kontrollbedingung ohne Kühlung.
Der Vergleich beider Kühlmaßnahmen ergab, dass die intensivere Kühlung durch das Kryotherapiegerät (-30°C) zu einer um 8,92% größeren Verbesserung der Ausdauerleistung führte, als dies nach Westenkühlung der Fall war. Der Einsatz des Cryo5 ist damit, unter den Bedingungen der durchgeführten Untersuchung, bezogen auf die Leistungsveränderung und die Reduktion der kardiovaskulären Beanspruchung, die effektivere Kühlmaßnahme.

VIII. Literaturverzeichnis

Achten, J. Heart Rate Monitors. In: Jeukendrup, A.E. (Hrsg.). 2002. High-performance cycling. Human Kinetics, Champaign. S. 59-68.

Aduen, J.F., M.F. Burritt und M.J. Murray. 2002. Blood Lactate Accumulation: Hemodynamics and Acid Base Status. *J Intensive Care Med* 17 (4): 180-85.

Ahonen, J., T. Lahtinen, M. Sandström, G. Pogliani und R. Wirhed. 1994. Sportmedizin und Trainingslehre, Schattauer, Stuttgart.

Arngrimsson, S.A., D.S. Petitt, M.G. Stueck, D.K. Jorgensen und K.J. Cureton. 2004. Cooling vest worn during active warm-up improves 5-km run performance in the heat. J Appl Physiol 96 (5): 1867-74.

Atkinson, G., C. Todd, T. Reilly und J. Waterhouse. 2005. Diurnal variation in cycling performance: influence of warm-up. *J Sports Sci* 23 (3): 321-9.

Bartels, H. und R. Bartels. 1991. Physiologie – Lehrbuch und Atlas. Urban und Schwarzenberg, München.

Bergh, U. und B. Ekblom. 1979. Physical performance and peak aerobic power at different body temperatures. *J Appl Physiol* 46 (5): 885-9.

Berghold, F. 1982. Flüssigkeits- und Elektrolytersatz unter sportlicher Belastung. *Österr J Sportmed* 12 (2): 19-25.

Bigland-Ritchie, B., C.K. Thomas, C.L. Rice, J.V. Howarth und J.J. Woods. 1992. Muscle temperature, contractile speed, and motoneuron firing rates during human voluntary contractions. *J Appl Physiol* 73 (6): 2457-61.

Bishop, D. 2003. Warm up II – Performance changes following active warm up and how to structure the warm up. *Sports Med* 33 (7): 483-98.

Bishop, D., D.G. Jenkins und L.T. MacKinnon. 1998. The relationship between plasma lactate parameters, Wpeak and 1-h cycling performance in women. *Med Sci Sports Exerc* 30: 1270-75.

Bolster, D.R., S.W. Trappe, K.R. Short, M. Scheffield-Moore, A.C. Parcell, K.M. Schulze und D.L. Costill. 1999. Effects of precooling on thermoregulation during subsequent exercise. *Med Sci Sports Exerc* 31 (2): 251-7.

Booth, J., F. Marino und J.J. Ward. 1997. Improved running performance in hot humid conditions following whole body precooling. *Med Sci Sports Exerc* 29 (7): 943-9.

Bourdon, P. Blood Lactate Transition Thresholds: Concepts and Controversies. In: Gore, C.J. (Hrsg.). 2000. Physiological Tests for Elite Athletes. Human Kinet-ics, Champaign. S. 50-65.

Bridge, M. und M. Febbraio. Training in Extreme Conditions. In: Jeukendrup, A.E. (Hrsg.). 2002. High-performance cycling. Human Kinetics, Champaign. S. 43-55.

Brooks, G.A., K.J. Hittelman, J.A. Faulkner und R.E. Beyer. 1971. Temperature, skeletal muscle mitochondrial functions, and oxygen debt. *Am J Physiol* 220 (4): 1053-9.

Burgess, H.J., J. Trinder, Y. Kim und D. Luke. 1997. Sleep and circadian influences on cardiac autonomic nervous system activity. *Am J Physiol* 273: H 1761-8.

Burnley, M., J.H. Doust, D. Ball und A.M. Jones. 2002. Effects of prior heavy exercise on VO(2) kinetics during heavy exercise are related to changes in muscle activity. *J Appl Physiol* 93 (1): 167-74.

Burnley, M., J.H. Doust und A.M. Jones. 2005. Effects of prior warm-up regime on severe-intensity cycling performance. *Med Sci Sports Exerc* 37 (5): 838-45.

Carmines, E.G. und R.A. Zeller. 1979. Reliability and Validity Assessment. Sage Publications Inc., Berverly Hills.

Casa, D.J. 1999. Exercise in the Heat. I. Fundamentals of Thermal Physiology, Performance Implications, and Dehydration. *J Athl Train* 34 (3): 246-252.

Cheung, S. und A. Robinson. 2004. The influence of upper-body pre-cooling on repeated sprint performance in moderate ambient temperatures. *J Sports Sci* 22 (7): 605-12.

Cotter, J.D., G.G. Sleivert, W.S. Roberts und M.A. Febbraio. 2001. Effect of pre-cooling, with and without thigh cooling, on strain and endurance exercise performance in the heat. *Comp Biochem Physiol A Mol Integr Physiol* 128 (4): 667-77.

Coyle, E.F. und J. Gonzalez-Alonso. 2001. Cardiovascular drift during prolonged exercise: new perspectives. *Exerc Sport Sci Rev* 29 (2): 88-92.

Craig, N., C. Walsh, D.T. Martin, S. Woolford, P. Bourdon, T. Stanef, P. Barnes und B. Savage. Protocols for the Physiological Assessment of High-Performance Track, Road, and Mountain Cyclists. In: Gore, C.J. (Hrsg.). 2000. Physiological Tests for Elite Athletes. Human Kinetics, Champaign.

Craig, N.P., K.I. Norton, P.C. Bourdon, S.M. Woolford, T. Stanef, B. Squires, T.S. Olds, R.A. Conyers und C.B. Walsh. 1993. Aerobic and anaerobic indices contributing to track endurance cycling performance. *Eur J Appl Physiol Occup Physiol* 67 (2): 150-8.

Daanen, H.A., E.M. van Es und J.L. de Graaf. 2006. Heat strain and gross efficiency during endurance exercise after lower, upper, or whole body precooling in the heat. *Int J Sports Med* 27 (5): 379-88.

Deetjen, P. und E.-J. Speckmann (Hrsg.). 1999. Physiologie. Urban und Fischer, München.

Deetjen, P., E.-J. Speckmann und J. Hescheler (Hrsg.). 2005. Physiologie. Urban und Fischer, München.

Dempsey, J.A. und M. Manohar. Atmung und Ausdauer. In: Schephard, R.J. und P.-O. Astrand (Hrsg.). 1993. Ausdauer im Sport. Deutscher Ärzte-Verlag, Köln. S. 73-83.

Dickinson, S. 1929. The efficiency of bicycle-pedalling, as affected by speed and load. *J Physiol* (London) 67: 242-255.

Drust, B., N.T. Cable und T. Reilly. 2000. Investigation of the effects of the pre-cooling on the physiological responses to soccer-specific intermittent exercise. *Eur J Appl Physiol* 81 (1-2): 11-7.

Duffield, R., B. Dawson, D. Bishop, M. Fitzsimons und S. Lawrence. 2003. Effect of wearing an ice cooling jacket on repeat sprint performance in warm/humid conditions. *Br J Sports Med* 37 (2): 164-9.

Epstein, Y., Y. Shapiro und S. Brill. 1983. Role of surface area-to-mass ratio and work efficiency in heat intolerance. *J Appl Physiol* 54 (3): 831-6.

Farina, D., A. Macaluso, R.A. Ferguson und G. De Vito. 2004. Effect of power, pedal rate, and force on average muscle fiber conduction velocity during cycling. *J Appl Physiol* 97 (6): 2035-41.

Febbraio, M.A., M.F. Carey, R.J. Snow, C.G. Stathis und M. Hargreaves. 1996. Influence of elevated muscle temperature on metabolism during intense, dynamic exercise. *Am J Physiol* 271 (5 Pt 2): R1251-5.

Febbraio, M.A., R.J. Snow, C.G. Stathis, M. Hargreaves und M.F. Carey. 1996b. Blunting the rise in body temperature reduces muscle glycogenolysis during exercise in humans. *Exp Physiol* 81 (4): 685-93.

Febbraio, M.A., R.J Snow, C.G. Stathis, M. Hargreaves und M.F. Carey. 1994. Effect of heat stress on muscle energy metabolism during exercise. *J Appl Physiol* 77 (6): 2827-31.

Findeisen, D.G.R., P.-G. Linke und L. Pickenhain (Hrsg.). 1980. Grundlagen der Sportmedizin. Barth Verlag, Leipzig.

Foss, O und J. Hallen. Cadence and performance in elite cyclists. *Eur J Appl Physiol* 93 (4): 453-62.

Foxdal, P., B. Sjodin, H. Rudstam, C. Ostman, B. Ostman, G.C. Hedenstierna. Lactate concentration differences in plasma, whole blood, capillary finger blood and erythrocytes during submaximal graded exercise in humans. *Eur J Appl Physiol Occup Physiol* 61 (3-4): 218-22.

Frederick, E.C. Bewegungsökonomie und Ausdauerleistung. In: Schephard, R.J. und P.-O. Astrand (Hrsg.).1993. Ausdauer im Sport. Deutscher Ärzte-Verlag, Köln. S. 182-86.

Fritzsche, R.G., T.W. Switzer, B.J. Hodgkinson und E.F. Coyle. 1999. Stroke volume decline during prolonged exercise is influenced by the increase in heart rate. *J Appl Physiol* 86 (3):799-805.

Galloway, S.D. und R.J. Maughan. 1997. Effects of ambient temperature on the capacity to perform prolonged cycle exercise in man. *Med Sci Sports Exerc* 29 (9): 1240-9.

Gerbino, A., S.A. Ward und B.J. Whipp. 1996. Effects of prior exercise on pulmonary gas-exchange kinetics during high-intensity exercise in humans. *J Appl Physiol* 80 (1): 99-107.

Golenhofen, K. 1997. Physiologie – Lehrbuch, Kompendium, Fragen und Antworten. Urban und Schwarzenberg, München.

Gonzalez-Alonso, J. und J.A.L. Calbet. 2003. Reductions in systemic and skeletal muscle blood flow and oxygen delivery limit maximal aerobic capacity in humans. *Circulation* 107: 824-30.

Gonzalez-Alonso, J., C. Teller, S.L. Andersen, F.B. Jensen, T. Hyldig und B. Nielsen. 1999. Influence of body temperature on the development of fatigue during prolonged exercise in the heat. *J Appl Physiol* 86 (3):1032-39.

Gonzalez-Alonso, J., R. Mora-Rodriguez und E.F. Coyle. 2000. Stroke volume during exercise: interaction of environment and hydration. *Am J Physiol Heart Circ Physiol* 278 (2): H321-30.

Gonzalez-Alonso, J., R. Mora-Rodriguez, P.R. Below und E.F. Coyle. 1997. Dehydration markedly impairs cardiovascular function in hyperthermic endurance athletes during exercise. *J Appl Physiol* 82 (4): 1229-36.

Gonzelez-Alonso, J., M.K. Dalsgaard, T. Osada, S. Volianitis, E.A. Dawson, C.C. Yoshiga und N.H. Secher. 2004. Brain and central haemodynamics and oxygenation during maximal exercise in humans. *J Physiol* 557.1: 331-42.

Gore, C.J. (Hrsg.). 2000. Physiological Tests for Elite Athletes. Human Kinetics, Champaign.

Gorman, A.J. und D.W. Proppe. 1984. Mechanisms producing tachycardia in conscious baboons during environmental heat stress. *J Appl Physiol* 56: 441-6.

Grassi, B., V. Quaresima, C. Marconi, M. Ferrari und P. Cerretelli. 1999. Blood lactate accumulation and muscle deoxygenation during incremental exercise. *J Appl Physiol* 87 (1): 348-55.

Gunga, H.C. Wärmehaushalt und Temperaturregulation. In: Deetjen, P., E.-J. Speckmann und J. Hescheler (Hrsg.). 2005. Physiologie. Urban und Fischer, München. S. 669-698.

Hagberg, J.M., J.P. Mullin, M.D. Giese, E. Spitznagel. Effect of pedaling rate on submaximal exercise responses of competitive cyclists. *J Appl Physiol* 51 (2): 447-51.

Hajoglou, A., C. Foster, J.J. De Koning, A. Lucia, T.W. Kernozek und J.P. Porcari. 2005. Effect of warm-up on cycle time trial performance. *Med Sci Sports Exerc* 37 (9): 1608-14.

Handwerker, H.O. und M. Koltzenburg. Koordination spezieller Organfunktionen. In: Deetjen, P. und E.-J. Speckmann (Hrsg.). 1999. Physiologie. Urban und Fischer, München. S. 541-91.

Harms, C.A. 2000. Effect of skeletal muscle demand on cardiovascular function. *Med Sci Sports Exerc* 32 (1): 94-99.

Harries, M., C. Williams, W.D. Stanish und L.J. Micheli (Hrsg.). 2000. Oxford textbook of sports medicine. Oxford University Press, Oxford.

Harrison, M.H. 1985. Effects on thermal stress and exercise on blood volume in humans. *Physiol Rev* 65: 149-209.

Hawley, J.A. und T.D. Noakes. 1992. Peak power output predicts maximal oxygen uptake and performance time in trained cyclists. *Eur J Appl Physiol* 65: 79-83.

Hayward, M.G. und W.R. Keatinge. 1981. Roles of subcutaneous fat and thermoregulatory reflexes in determining ability to stabilize body temperature in water. *J Physiol* 320: 229-51.

Henriksson, J. und R.C. Hickner. Adaptations in skeletal muscle in response to endurance training. In: Harries, M., C. Williams, W.D. Stanish und L.J. Micheli (Hrsg.). 2000. Oxford textbook of sports medicine. Oxford University Press, Oxford. S. 45-69.

Hensel, H. Temperaturregulation. In: Keidel, W.D. (Hrsg.). 1973. Kurzgefaßtes Lehrbuch der Physiologie, Thieme Verlag, Stuttgart. S. 224-35.

Holloszy, J.O., W.M. Kohrt and P.A. Hansen. 1998. The regulation of carbohydrate and fat metabolism during and after exercise. *Front Biosci* 3: 250-68.

Hoppeler, H. und E.R. Weibel. 1998. Limits for oxygen and substrate transport in mammals. *J Exp Biol* 201: 1051-64.

Horowitz , J.F. und S. Klein. 2000. Lipid metabolism during endurance exercise. *Am J Clin Nutr* 72: 558S-63S.

Hultman, E. und P.L. Greenhaff. Ernährung und Energiereserven. In: Schephard, R.J. und P.-O. Astrand (Hrsg.).1993. Ausdauer im Sport. Deutscher Ärzte-Verlag, Köln. S. 137-44.

Hunter, I., J.T. Hopkins und D.J. Casa. 2006. Warming up with an ice vest: core body temperature before and after cross-country racing. *J Athl Train* 41 (4): 371-4.

Huxley, H.E. 1971. The Croonian Lecture, 1970. The Structural Basis of Muscular Contraction. *Proc R Soc Lond B Biol Sci* 178: 131-149.

Ingjer, F. und S.B. Stromme. 1979. Effects of active, passive or no warm-up on the physiological response to heavy exercise. *Eur J Appl Physiol Occup Physiol* 40 (4): 273-82.

Israel, S. 1977. Das Erwärmen als Startvorbereitung. *Med und Sport* 18: 386-391.

Jeukendrup, A.E. (Hrsg.). 2002. High-performance cycling. Human Kinetics, Champaign.

Jeukendrup, A.E. Energy needs for training and racing. In: Jeukendrup, A.E. (Hrsg.). 2002. High-performance cycling. Human Kinetics, Champaign. S. 141-53.

Joch, W. und S. Ückert. 1999. Aufwärmen im Sport. Intensität, Umfang, Durchführungsmodalitäten. *Sportpraxis* 6: 6-9.

Joch, W. und S. Ückert. 2003. Ausdauerleistung nach Kälteapplikation. *Leistungssport* 32 (2): 11-15.

Joch, W. und S. Ückert. 2004. Auswirkungen der Ganzkörperkälte von - 110 ° Celsius auf die Herzfrequenz bei Ausdauerbelastungen und in Ruhe. *Phys Rehab Kur Med* 14: 146-50.

Joch, W. und S. Ückert. 2005/06. Precooling als Mittel der Leistungssteuerung in Training und Wettkampf. *BISp-Jahrbuch – Forschungsförderung* 209-216.

Joch, W., R.Fricke und S. Ückert. 2002. Zum Einfluss von Kälte auf die sportliche Leistung. *Leistungssport* 32 (2): 11-15.

Kamler, K. 2004. Surviving the extremes – what happens to the body and mind at the limits of human endurnce. Penguin Books, London.

Kay, D., D.R. Taaffe und F.E. Marino. 1999. Whole-body pre-cooling and heat storage during self-paced cycling performance in warm humid conditions. *J Sports Sci* 17 (12): 937-44.

Keidel, W.D. (Hrsg.). 1973. Kurzgefaßtes Lehrbuch der Physiologie, Thieme Verlag, Stuttgart.

Klußmann, F.W. Wärmehaushalt und Temperaturregulation. In: Deetjen, P. und E.-J. Speckmann (Hrsg.). 1999. Physiologie. Urban und Fischer, München. S. 501-20.

LeBlanc, J., J. Côté, S. Dulac und F. Dulong-Turcot. 1978. Effects of age, sex, and physical fitness on responses to local cooling. *J Appl Physiol* 44: 813-17.

Lee, D.T. und E.M. Haymes. 1995. Exercise duration and thermoregulatory responses after whole body precooling. *J Appl Physiol* 79 (6): 1971-6.

Lehnhertz, K. 1986. Die Ermüdung der koordinativen Leistungsfähigkeit. Leistungssport 16 (1): 5-10.

Letzelter, M. 1978. Trainingsgrundlagen. Rowohlt Taschenbuch Verlag, Reinbek.

Lindner, W. 2005. Radsporttraining. BLV, München.

Lucia, A., H. Joyos und J.L. Chicharro. 2000. Physiological response to professional road cycling: climbers vs. time trialists. *Int J Sports Med* 21: 505-512.

Lucia, A., J. Hoyos und J.L. Chicharro. 2001. Preferred pedalling cadence in professional cycling. *Med Sci Sports Exerc* 33 (8): 1361-6.

MacIntosh, B.R., R.R. Neptune, und J.F. Horton. 2000. Cadence, power, and muscle activation in cycle ergometry. *Med Sci Sports Exerc* 32 (7): 1281-87.

Malik, M, P. Farbom, V. Batchvarov, K. Hnatkova und A.J. Camm. 2002. Relation between QT and RR intervals is highly individual among healthy subjects: implications for heart rate correction of the QT interval. *Heart* 87 (3): 193-4.

Mariak, Z., M.D. White, J. Lewko, T. Lyson und P. Piekarski. 1999. Direct cooling of the human brain by heat loss from the upper respiratory tract. *J Appl Physiol* 87 (5): 1609-13.

Markworth, P. 2001. Sportmedizin – Physiologische Grundlagen. Rowohlt Taschenbuch Verlag, Reinbek.

Marsh, D. und G. Sleivert. 1999. Effect of precooling on high intensity cycling performance. *Br J Sports Med* 33 (6): 393-7.

Marshall, N. 2000. Core temperature and fatigue. *Cycle Coaching Magazine* 3.

Martin, D., K. Carl und K. Lehnertz. 2001. Handbuch Trainingslehre. Hofmann, Schorndorf.

McAnulty, S.R., L. McAnulty, D.D. Pascoe, S.S. Gropper, R.E. Keith, J.D. Morrow und L.B. Gladden. 2005. Hyperthermia increases exercise-induced oxidative stress. *Int J Sports Med* 26: 188-92.

Medbo, J.I., E. Jebens, H. Noddeland, S. Hanem, K. Toska. 2006. Lactate elimination and glycogen resynthesis after intense bicycling. *Scand J Clin Lab Invest* 66(3): 211 – 226.

Mitchell, J.B., B.K. McFarlin und J.P. Dugas. 2003. The effect of pre-exercise cooling on high intensity running performance in the heat. *Int J Sports Med* 24 (2): 118-24.

Mitchell, J.B., E.R. Schiller, J.R. Miller und J.P. Dugas. 2001. The influence of different external cooling methods on thermoregulatory responses before and after intense intermittent exercise in the heat. *J Strength Cond Res* 15 (2): 247-54.

Montain, S.J. und E.F. Coyle. 1992. Fluid ingestion during exercise increases skin blood flow independent of increases in blood volume. *J Appl Physiol* 73 (3): 903-10.

Montain, S.J., M.N. Sawka, B.S. Cadarette, M.D. Quigley und J.M. McKay. 1994. Physiological tolerance to uncompensable heat stress: effects of exercise intensity, protective clothing, and climate. *J Appl Physiol* 77 (1): 216-22.

Morrison, S., J.D. Cotter, S.S. Cheung und N. Rehrer. 2006. Are the benefits of precooling overestimated?: 827: 2:30 PM – 2:45 PM. *Med Sci Sports Exerc* 38 (5) Supplment: S59.

Myler, G.R., A. Hahn und D.M. Tumilty. 1989. The effect of preliminary skin cooling on performance of rowers in hot conditions. *Excel* 6: 17-21.

Nielsen, B., J.R.S. Hales, S. Strange, N.J. Christensen, J. Warberg und B. Saltin. 1993. Human circulatory and thermoregulatory adaptations with heat acclimation and exercise in a hot, dry environment. *J Physiol* 460: 467-85.

Nishiyasu, T., X. Shi, C.M. Gillen, G.W. Mack und E.R. Nadel. 1992. Comparison of the forearm and calf blood flow response to thermal stress during dynamic exercise. *Med Sci Sports Exerc* 24 (2): 213-7.

Noakes, T.D., J.E. Peltonen und H.K. Rusko. 2001. Evidence that a central governor regulates exercise performance during acute hypoxia and hyperoxia. *J Exp Biol* 204 (Pt 18): 3225-34.

Nose, H., A. Takamata, G. W. Mack, Y. Oda, T. Kawabata, S. Hashimoto, M. Hirose, E. Chihara und T. Morimoto. 1994. Right atrial pressure and forearm blood flow during prolonged exercise in a hot environment. *Pflügers Arch* 426: 177-82.

Nybo, L., N.H. Secher, B. Nielsen. 2002. Inadequate heat release from the human brain during prolonged exercise with hyperthermia. *J Physiol* 545: 697-704.

Padilla, S., I. Mujika, G. Cuesta und J.J. Goiriena. 1999. Level ground and uphill cycling ability in professional road cycling. *Med Sci Sports Exerc* 31 (6): 878-85.

Parkin, J.M., M.F. Carey, S. Zhao und M.A. Febbraio. 1999. Effect of ambient temperature on human skeletal muscle metabolism during fatiguing submaximal exercise. *J Appl Physiol* 86 (3): 902-8.

Peiffer, J.J., R. Quintana und D.L. Parker. 2005. The influence of graded exercise test selection on Pmax and a subsequent single interval bout. *JEP online* 8 (6): 10-17.

Planck, M. 1988. The Theory of Heat Radiation. AIP Press, Los Angeles.

Pollard, A.J. und D.R. Murdoch. 1998. Praktische Berg- und Trekkingmedizin. Ullstein Medical, Wiesbaden.

Pollock, M.L., D.T. Lowenthal, J.E. Graves und J.F. Carroll. In: Schephard, R.J. und P.-O. Astrand (Hrsg.). 1993. Ausdauer im Sport. Deutscher Ärzte-Verlag, Köln. S. 379-94.

Prampero, P. E. Di. 1985. Metabolic and circulatory limitations to VO_{2max} at the whole animal level. *J Exp Biol* 115: 319-31.

Quod, M., D.T. Martin, P.B. Laursen, A.S. Gardner, T.R. Ebert, S.L. Halson, F.E. Marino, A.G. Hahn und C.J. Gore. 2005. Effects of a novel combination precooling strategy on cycling time-trial performance: 894 Board #116 10:30 AM - 12:00 PM. *Med Sci Sports Exerc* 37 (5) Supplement: S169.

Renström, P. und P. Kannus. Verletzungen und ihrer Verhinderung in Ausdauersportarten. In: Schephard, R.J. und P.-O. Astrand (Hrsg.). 1993. Ausdauer im Sport. Deutscher Ärzte-Verlag, Köln.

Rising, R., A. Keys, E. Ravussin und C. Bogardus. 1992. Concomitant interindividual variation in body temperature and metabolic rate. *Am J Physiol Endocrinol Metab* 263: E730-E734.

Robinson, J., J. Charlton, R. Seal, D. Spady und M.R. Joffres. Oesophagal, rectal, axillary, tympanic and pulmonary artery temperatures during cardiac surgery. *Can J Anaesth* 45 (4): 317-23.

Romer, L.M., M.W. Bridge, A.K. McConnell und D.A. Jones. 2004. Influence of environmental temperature on exercise-induced inspiratory muscle fatigue. *Eur J Appl Physiol* 91 (5-6): 656-63.

Romijn, J.A., E.F. Coyle, L.S. Sidossis, A. Gastaldelli, J.F. Horowitz, E. Endert und R.R. Wolfe. 1993. Regulation of endogenous fat and carbohydrate metabolism in relation to exercise intensity and duration. *Am J Physiol* 265: E380-E391.

Ross, M.J. 2005. Maximum Performance for Cyclists. Velo Press, Boulder.

Rowell, L.B. 1986. Human Circulation: Regulation During Physical Stress. Oxford University Press, New York.

Ruiter, C.J. De und A. De Haan. 2001. Similar effects of cooling and fatigue on eccentric and concentric force-velocity relationships in human muscle. *J Appl Physiol* 90 (6): 2109-16.

Sargeant, A.J. und C.T.M. Davies. 1977. Forces applied to cranks of a bicycle ergometer during one- and two-leg cycling. *J Appl Physiol* 42 (4): 514-18.

Sawka, M.N., A. J. Young, R. P. Francesconi, S. R. Muza und K. B. Pandolf. 1985. Thermoregulatory and blood responses during exercise at graded hypohydration levels. *J Appl Physiol* 59: 1394-1401.

Schephard, R.J. und P.-O. Astrand (Hrsg.).1993. Ausdauer im Sport. Deutscher Ärzte-Verlag, Köln.

Schurr, S. 2003. Leistungsdiagnostik und Trainingssteuerung im Ausdauersport. Books on Demand GmbH, Norderstedt.

Sleivert, G.G., J.D. Cotter, W.S. Roberts und M.A. Febbraio. 2001.The influence of whole-body vs. torso pre-cooling on physiological strain and performance of high-intensity exercise in the heat. *Comp Biochem Physiol A Mol Integr Physiol* 128 (4): 657-66.

Smith, J.A., K. Yates, H. Lee, M.W. Thompson, B.V. Holcombe und D.T. Martin. 1997. Pre-cooling improves cycling performance in hot/humid conditions 1501. *Med Sci Sports Exerc* 29 (5) Supplement: 263.

Stegemann, J. 1971. Leistungsphysiologie. Thieme Verlag, Stuttgart.

Stroud, M. 1999. Survival of the fittest – understanding health and peak physical performance. Random House, London.

Taghawinejad, M., R. Fricke, L. Duhme, U. Heuermann und J. Zagorny. 1989. Telemetrisch-Elektrokardiographische Untersuchungen bei Ganzkörperkältetherapie (GKKT). *Z Phys Med Baln Med Klim* 18: 31-6.

Tan, F.H.Y. und A.R. Aziz. 2005. Reproducibility of outdoor flat and uphill cycling time trials and their performance correlates with peak power output in moderately trained cyclists. *J Sports Sci & Med* 4: 278-84.

Tanaka, H. und D.R. Seals. Invited Review: Dynamic exercise performance in Masters athletes: insight into the effects of primary human aging on physiological functional capacity. *J Appl Physiol* 95 (5): 2152-62.

Tatterson, A.J., A.G. Hahn, D.T. Martin und M.A. Febbraio. 2000. Effects of heat stress on physiological responses and exercise performance in elite cyclists. *J Sci Med Sport* 3 (2): 186-93.

Tegeder, A., I. Hunter, E. Martini und G. Mack. Utilizing the nike ice vest in distance running training: 2496: Board#4 2:00 PM – 3:00 PM. *Med Sci Sports Exerc* 38 (5) Supplement: S466.

Tucker, R. L. Rauch, Y.X.R. Harley und T.D. Noakes. 2004. Impaired exercise performance in the heat is associated with an anticipatory reduction in skeletal muscle recruitment. *Eur J Physiol* 448: 422–30.

Umberger, B.R., K.G. Gerritsen und P.E. Martin. 2006. Muscle fiber type effects on energetically optimal cadences in cycling. *J Biomech* 39 (8): 1472-9.

Walters, T.J., K.L. Ryan, L.M. Tate und P.A. Mason. 2000. Exercise in the heat is limited by a critical internal temperature. *J Appl Physiol* 89 (2): 799-806.

Webborn, N., M.J. Price, P.C. Castle und V.L. Goosey-Tolfrey. 2005. Effects of two cooling strategies on thermoregulatory responses of tetraplegic athletes during repeated intermittent exercise in the heat. *J Appl Physiol* 98 (6): 2101-7.

Weineck, J. 2002. Sportbiologie. Spitta Verlag, Balingen.

Whipp, B.J. und S.A. Ward. Respiratory responses of athletes to exercise. In: Harries, M., C. Williams, W.D. Stanish und L.J. Micheli (Hrsg.). 2000. Oxford textbook of sports medicine. Oxford University Press, Oxford. S. 17-32.

White, A.T., S.L. Davis, T.E. Wilson. 2003. Metabolic, thermoregulatory, and perceptual responses during exercise after lower vs. whole body pre-cooling. *J Appl Physiol* 94: 1039-44.

Whitt, F.R. und D.G. Wilson. 1997. Bicycling Science. The MIT Press, Cambridge.

Wilmore, J.H. und D.L. Costill. 2004. Physiology of Sport and Exercise. Human Kinetics, Hong Kong.

Wilson, T.E., S.C. Johnson, J.H. Petajan, S.L. Davis, E. Gappmaier, M.J. Luetkemeier und A.T. White. 2002. Thermal regulatory responses to submaximal cycling following lower-body cooling in humans. *Eur J Appl Physiol* 88 (1-2): 67-75.

Yamane, M., H. Teruya, M. Nakano, R. Ogai, N. Ohnishi und M. Kosaka. 2006. Post-exercise leg and forearm flexor muscle cooling in humans attenuates endurance and resistance training effects on muscle performance and on circulatory adaptation. *Eur J Appl Physiol* 96 (5): 572-80.

Zimmer, H.-G. und R. Zimmer. Altern und Tod. In: Deetjen, P., E.-J. Speckmann und J. Hescheler (Hrsg.). 2005. Physiologie. Urban und Fischer, München.

IX. Anhang

IX.1 Abbildungsverzeichnis

IX.2 Tabellenverzeichnis

IX.3 Abkürzungsverzeichnis

Abb.	Abbildung
BL	Blutlaktatkonzentration
bpm	beats per minute (Schläge pro Minute)
CONTROL	Kontrolltestbedingung
CRYO5	Testbedingung Cryo5
Δ	Delta
HF	Herzfrequenz
HT	Hauttemperatur
KKT	Körperkerntemperatur
Min.	Minute
mmol/l	Millimol pro Liter
MW	Mittelwert
N	Zahl der Probanden
n.s.	nicht signifikant
p	post
PVF	Point of Volitional Fatigue (Abbruchzeitpunkt)
PVF_m	Point of Volitional $Fatigue_{minimum}$ (Abbruchzeitpunkt im Test mit der geringsten Leistung)
relative W_{max}	relative maximale Ausdauerleistungsfähigkeit (in Watt/kg)
s	Sekunde(n)
Sig.	Signifikanz
St.Ko.Beta	Standardisierter Koeffizient Beta
Tab.	Tabelle
TT	Time Trial (Zeitfahren)
VP	Vorbereitungsphase
WESTE	Testbedingung Kühlweste
W_{max}	maximale Ausdauerleistungsfähigkeit (in Watt)